复旦大学
光华人文杰出学者
讲座丛书

道德与政治讲演录 欧中对话

[德]维托利奥·赫斯勒 著 罗久 孙磊 韩潮 译

生活·读书·新知 三联书店

Simplified Chinese Copyright © 2018 by SDX Joint Publishing Company.
All Rights Reserved.
本作品简体中文版权由生活·读书·新知三联书店所有。
未经许可，不得翻印。

图书在版编目（CIP）数据

道德与政治讲演录：欧中对话／（德）维托利奥·赫斯勒著；罗久，孙磊，韩潮译．—北京：生活·读书·新知三联书店，2018.3

（复旦大学光华人文杰出学者讲座丛书）
ISBN 978-7-108-06204-8

Ⅰ.①道…　Ⅱ.①维…②罗…③孙…④韩…　Ⅲ.①道德-关系-政治-研究-西方国家　Ⅳ.①B82-051

中国版本图书馆CIP数据核字（2018）第017559号

特邀编辑	吴　彬
责任编辑	李静韬
装帧设计	罗　洪
责任印制	徐　方
出版发行	生活·讀書·新知 三联书店
	（北京市东城区美术馆东街22号 100010）
网　　址	www.sdxjpc.com
图　　字	01-2018-1342
经　　销	新华书店
印　　刷	河北鹏润印刷有限公司
版　　次	2018年3月北京第1版
	2018年3月北京第1次印刷
开　　本	787毫米×1092毫米　1/32　印张 8.25
字　　数	139千字
印　　数	0,001-5,000册
定　　价	45.00元

（印装查询：01064002715；邮购查询：01084010542）

目录

1　序言
1　绪论
9　第一讲　西方政治思想简史
39　现代性与合乎理性的自然法　张汝伦教授对第一讲的回应

49　第二讲　道德与政治
90　国家的道德维度和社会学维度　韩潮教授对第二讲的回应

95　第三讲　国家的本质及其在历史中的发展
134　契约、道德风尚与现代国家　孙向晨教授对第三讲的回应

147　第四讲　自然法的观念：论证与反驳
181　实质抑或程序自然法？　孙小玲教授对第四讲的回应

193　第五讲　自然法的体系
229　形而上学与政治　白彤东教授对第五讲的回应

236　附录　赫斯勒教授访谈
255　出版后记

序言

张汝伦

维多利奥·赫斯勒（Vittorio Hösler）是一位享誉西方学术界的德国哲学家，是当今世界少有的真正的百科全书型的学者，他的研究领域包括哲学、政治学、日耳曼学、艺术理论和环境伦理学等等；能流利使用7种语言，阅读另外的10种语言，包括许多古典语言（如梵文、巴利文、古希腊文、拉丁文等）。他著作等身，已经出版20多部学术著作，发表100多篇学术论文，涉及的领域包括希腊哲学、希腊悲剧、德国古典哲学、现象学、数理逻辑、德国文学、政治哲学、电影理论、道德哲学等等。他开发的一部多媒体的哲学百科全书正在整个欧洲使用。他是两部纪录片的主角。他曾在德国、美国、意大利、荷兰、挪威、韩国、俄罗斯、印度等国的著名大学执教，现在是美国圣母大学俄语和德语文学系保罗·金波（Paul Kimball）讲座教授、哲学系和政治学系双聘教授、圣母大学高等研究院首任院长。

赫斯勒教授出身于书香门第，父亲是罗曼语文学的教授。此人早慧，从人文中学（Humanistisches Gymnasium）毕业时，尚不到17岁。人文中学给予他严格而优质的教育：从五年级起，他便每日学习拉丁语；11岁时，开始自修古希腊语。1977年秋季，赫斯勒进入雷根斯堡大学学习，并最终在21岁时于图宾根大学哲学系获得博士学位。虽然他刚入大学时师从著名的德国分析哲学家弗兰茨·冯·库舍纳（Franz von Kutschera），但博士论文最终却是以古希腊哲学为主题。他21岁获哲学博士学位，并获国家优秀博士论文奖，25岁获教授资格——这是极为罕见的，因此被人称为"哲学界的鲍里斯·贝克"（Boris Becker，德国网球神童）。

我们中国人有"小时了了，大未必佳"的说法，的确有些神童昙花一现，再无表现。赫斯勒教授却非如此，他始终保持着旺盛的学术创造力和想象力，从教以来，成果丰硕，且不断有大部头著作问世，堪称奇才。凡是读过他著作的人，无不对他扎实的学术功底、深刻的思想、渊博的知识、开阔的学术视野留下深刻的印象，他虽然还未到花甲之年，却具有传统德国教授风范——也许是这个物种最后的典型了。不过，与传统德国教授从不撰写通俗读物不同，他曾将他与一个在咖啡馆中认识的小女孩的通信，写成一本通俗的哲学小册子《哲学家的咖啡馆》，该书雅俗共赏，老少咸宜，被译为十二种外文（包括中文）。

当然，在他众多的学术著作中，真正使他具有世界影响的，是他一千二百页的巨著《道德与政治》。此书1997年在德国出版后，在德国哲学界引起了不小的反响，得到来自各方的评论，德国《明镜》周刊为此对他做了专访。2001年，德国一家出版社出版了一部关于此书的论文集，包括赫斯勒自己对各种批评的回应。2004年，此书被译成英语，在圣母大学出版社出版，使得它开始为全世界的研究者所注意。

这是一部名副其实的巨著，不仅仅是它的篇幅，它的内容广度更是罕有其匹。它不但深入考察了柏拉图、亚里士多德、马基雅维利、霍布斯、维科和孟德斯鸠等西方经典政治哲学家的思想，还把从康德到黑格尔的德国古典哲学传统，韦伯的哲学社会学，舍勒、普莱斯勒和盖伦的哲学人类学，赫尔曼·海勒和卡尔·施米特的国家学说，汉斯·约纳斯的哲学生物学，列奥·施特劳斯和沃格林对西方政治思想史的解释熔于一炉。赫斯勒并不限于传统德国哲学家的视野，他在此书中对德沃金、海尔、罗尔斯和沃尔策的思想，也都予以肯定和讨论。当然，这部并不好读的著作引起人们的兴趣不仅是因为它的广度，而且也是因为它的主题：道德与政治的关系。

现代政治的一个基本假设是：政治与道德无关，政治的道德化不仅无助于解决我们的问题，反而会最终使它们更不好解决。道德与政治是两个彼此独立的领域，把它们混为一谈在理论上是荒谬的，在实践上是危险的。虽然这个假设是西方人的发明，但与西方许多现代性的发明一样，在我国被越来越多的人接受。赫斯勒教授却根据对当今世界的许多重大问题和危机的思考，对此政治现代性的基石之一提出了批判性的看法。《道德与政治》便是他对此一重大理论问题思考的系统论述。

鉴于赫斯勒教授的精湛学养和他思考、研究的问题的重要性，我们于2014年底以复旦大学高等人文基金讲座的名义邀请他来复旦讲学。他在复旦共作了五次演讲，基本上是对他《道德与政治》一书主要思想的概述，当然也有若干补充和修正。复旦哲学学院的同人与同济大学哲学系教授韩潮分别对他的五次演讲有简短的评论。现将赫斯勒在复旦的五次演讲稿和他的中国同行的评论交付生活·读书·新知三联书店出版，以飨读者。

是为序。

张汝伦
2016年春于沪上

绪论

首先请允许我表达谢意,我要感谢张汝伦教授和复旦大学的邀请。复旦大学坐落于世界上人口最多的城市之一——上海,这个国家也将注定在21世纪扮演更为重要的角色。作为世界上人口最多的国家,中国要引领世界并非易事。在过去几十年中,她在科学、技术和经济领域取得的巨大进步,震惊了世界。更为重要的是,中国是世界上最古老的国家之一。一些古代国家早已灰飞烟灭,而当今的一些强国,比如说美国,还十分年轻。中国作为一个政治实体,可以追溯至秦朝,距今已有两千两百多年。即便当这个国家陷入战乱之中,她也没有放弃统一的政治理念。中华民族的文化身份(的起源)甚至要远远早于秦代。早在东周,中国哲学就已经成熟,并产生了大量令人叹为观止的思想体系。

那么我作为一个西方人可以给中国带来什么呢?我希望,我的讲演可以对中国学者有所助益。发端于西欧的现代化进程,对全球改变之深刻,远远超过人类历史上的任何事件。中国的成功证明，现代化的核心理念是可以被不同的传统学习并发扬光大的。因此，对西方精神演进进行反思，可能对中国的知识分子有所启迪——我必须要理解，今天的西方处在什么位置，我们是如何成为这样的，以及驱动我们的价值是什么。我认识到，对不少古老的亚洲文化而言，西方帝国主义可谓劣迹斑斑。我也意识到，某些在思想史中出现的西方思想形式，对亚洲出言不逊。比如说黑格尔在他的《哲学史讲演录》中描绘了世界精神西进的运动。按照他的叙述，中国是世界历史的起点，随后经过印度、伊朗、近东、希腊和罗马，最终向西欧迈进，获得了自由意识的更高进展。但是在我们批评黑格尔之前，我们也不要忘了，这位伟大的思想家并不认为，世界历史将终止于西欧。他认为美利坚合众国将是未来的大陆。[1] 他相信，世界精神还将继续其西进的运动。我们的地球是圆的，而中国在美国的西面。如果我们严肃对待黑格尔的理论的话，我们有理由相信，中国将不只是世界历史的起点，而可能再次成为世界历史发展的焦点。毋庸置疑，这种回

---

[1] Georg Wilhelm Friedrich Hegel, *Werke in zwanzig Bänden*, ed. E. Moldenhauer/ K.M. Michel, Frankfurt 1969–1971, Vol. 12: *Vorlesungen über die Philosophie der Geschichte*, 111 ff.

到中国的运动,并非简单地回到起点。任务在于,要将古老的中国传统,以及中华民族在其悠久历史中获得的经验,和世界其他地方的发展综合起来。

始于19世纪的全球化,虽然受到两次世界大战的羁绊,但是在20世纪末,尤其是在1989年"铁幕"消失之后,发展得更为迅猛。商业、交通和信息技术的变化,使得全球化成为可能。但是如果全球化想要结出善果,并给大多数人带来福祉,仅仅对技术和商业形式进行全球化是不够的,还要将不同民族赖以生存的价值进行全球化。我认为,本次系列演讲的目的在于,在基本道德原则的基础上,为世界的主要文化构建一种话语(discourse)。道德原则的分歧,例如家庭生活,可能是令人失望的,但它们可以减少人类的冲突。最危险的是国家之内和之间的冲突,因为它们将可能导致战争。毫无疑问,在一个存在大规模杀伤性武器的时代,我们应竭尽全力来阻止战争。所以我要来谈谈政治的道德。

我讲演的内容主要来自我自己的著作。它于1997年用德文发表,2004年被翻译成英文。[1] 我很难在这五次讲

---

[1] *Moral und Politik*, München 1997; *Morals and Politics*, Notre Dame 2004. 在该书中有参考文献和详细的脚注,有些在本次演讲中将被省略。

演中，来总结一千二百页中的内容。所以我衷心希望，这本书可以被翻译成中文。在此我将集中讨论那些最为重要的话题和章节。在我介绍这些核心观点之前，我先来描述一下全书的架构。因为这些章节是全书的一部分，也只有在全书的整体架构中才能得到理解。我通常是通过读目录，来获得对一本书的初步印象。如果一本书的结构不能让人信服，那我就不会花时间去读它。如果它的结构还算融贯，那么我就会假定——即便不总是准确——作者用智慧的方式想通了这些问题，这本书还是值得一读的。同样，我希望在我介绍这本书的结构之后，可以让你觉得，值得听这次讲演或者读这本书。

要谈论政治的道德理论，显然已经假定两样东西：首先，我们必须已经发现一般的规范性原则，这些原则帮助我们区分带有积极价值、消极价值或者没有价值的结构，以及道德和非道德的行为；其次，我们需要一套国家理论，以此来辨别国家，将它与其他社会机构进行区分，并要熟悉它的不同形式。第三步，要将这些道德原则运用于国家、政策和政治的领域，以此来区分正义国家和非正义国家。接受过马克思主义训练的中国学者将会接受这一进程中的辩证法元素。第三部分将是前两者的合题：在截然区分了两个关键领域（规范和描述）之后，我们还将打通两者。在我的书中,这三个部分的每一个部分都分为三章。在第一章中,我概述了政治思想从古代到现代的发展,尤其关注了应然和实然之间的关系。如果我们能找到一个发展的逻辑,来阐明在经历了各种不同形态之后,历史的隐藏目的(telos)将最终显现,那么我们就可以说,历史代表了那些掌握了超时间道德真理的理论。第二章系统地讨论了道德与政治的关系问题。书中认为,实然与应然之间的截然区分是给定的,它要捍卫道德与政治之间的互补性——我认为这一点是比较新的。第三章将展开讨论伦理学的具体原则。我将捍卫一种普遍主义的和意向性的伦理学,它受到了康德的极大启发;但我也要承认物质的价值(material values),并且避免康德本人的形式主义。

第二部分的顶峰是一套国家理论,将在第六章中提出。在此之前,我将在第四和第五章中,介绍一种哲学人类学和权力理论。鉴于国家是这样一种人的结合,它能够将权力集于一个非常小的领域,为了说明国家的必要性,我们需要理解人类本性的复杂性和权力的不同形式。第四章将处理人类的生物、心灵和文化特质。第四章中的部分将讨论德性与恶行,它将展开讨论,人这种具有自我意识、需要主体间性的特殊动物,能够通过其习惯或者在庸常之恶中滥用其本性,以此来理解价值。权力是社会世界的基本范畴。在解析了其形式和为了保存和扩展权力而必须存在的规则理论（我将用一个新词来称这一古老的学科，"权术"）之后，我将在第五章中用我自己的道德标准来衡量两者的形式和规则。第六章是纯然描述性的。它将国家作为一种社会机构加以研究，并考察其形式，追溯其历史。

第三部分体现了规范性的思考。这部分同样分为三章：在正义国家的理论之后，我将处理正义政治的问题。后者是不能被还原为前者的，因为正义政治是必要的，尤其当我们还没有理想国家之时。不过，我们还是要牢记这种理想。相信道德上正当的政治，可以在非理想的环境中遵守在理想国家中的相同原则，这是幼稚的。第八章中将面对战争的问题。在一个理想的正义政治世界中，是没有战争的。第九章勾勒了21世纪政治伦理的纲要，描绘了各种政策，特别关注了环境问题。环境问题也影响了正义国家一章中的概念建构。

我选择放在讲演中的内容，和原书相比，不可避免将是不完整的。为什么呢？在第一次讲演中，我大致依据书的第一章，简要地介绍西方政治思想发展的主要步骤：因为如果没有深入反思这些主要思想如何依然在推动我们，我们将不可避免地错失这些思想的内在关联。第二讲对应书中的第二章，将阐明互补性问题，也即要处理政治道德和道德话语的政治。第三讲将选择书中第六章的一些话题，来澄清国家的本质，并提出一种现代性理论。在第四讲中，我将捍卫本书最重要的概念，也即自然法的理念。在书中，这是在第七章开头处讨论的。在这一讲中，我还将找机会来介绍第三章中关于伦理学基础的一些想法。如果不谈这些，就很难理解自然法概念。最后一讲将用来讨论私法和公法中的一些自然法原则。这些对应书中的第七章。我希望，在阐明了政治哲学的传统，理解了现代性构成，并提炼出伦理范畴之后——这些范畴深受古典传统启发，但承认道德论证自身不可避免地是夺取权力的政治斗争中的武器，以此来避免古典传统的幼稚之处——可以呈现我所认为的现代西方国家的规范性内核。

第一讲 | 西方政治思想简史

西方人心智中最具特色的观念之一就是截然区分实然与应然,这在康德的元美学(metaethics)中得到了最为清晰的表达。这是区分政治与道德的基础。(西方精神中另一个相似的特殊观念是笛卡尔对物理和心灵世界的区分,但这并非本次演讲的主题。)另一方面,人们一旦理解了这一区分,就很难拒斥它:因为某样事物是如此这般,并非就是它应该如此的理由。要经历非常长的进程,人们才能够理解这一观念。我们可以将之区分为以下六个主要步骤:

一、在古代文化中,主体被吸纳入共同体(community)之中。在共同体之外,人无法存活,也无法保存其身份。因此伦理的核心任务就是保存共同体,而共同体所支持的规范就是判断何谓道德的标准。这些规范被认为是价值的终极来源。与此同时,它们具有可怕的权力,因为违反这些社会规范意味着极为严厉的惩罚。古代文化在其宗教中歌颂其自身的体制。与此同时,它们也诉诸一些原始行为,来为社会秩序提供辩护,例如神明或英雄的奠基行为。其他文化的规范则被认为是不同的,也是糟糕的。所以没有余地来反思,自身的文化可能要低劣于其他文化。群内规范是不同的,通常是与群外规范相对立的。因为最大的牺牲,即个人的生命,经常发生在战争的语境中——也即杀死群外的成员。

二、卡尔·雅斯贝斯将人类心智发展历程中最伟大的突破,称为轴心时代。[1] 在中国、印度、伊朗、以色列和希腊,轴心时代在公元前第一个千年中发生。在此过程中,神明的概念发生了革命性的变化。在前轴心时代,神明被认为是自然中运行的权力,自然中充满了破坏与恐怖。人们当然也相信邪恶和破坏性的神明,并努力获得他们的垂青。轴心时代导致了神圣者观念的道德化,个人的道德责任甚至与社会压力产生了对立,对人类的理解也更为普遍了。古典中国与印度的政治哲学受到了这一道德革命的影响。[2] 首先,道德原则不再与形而上学观念相关联;其次,更多将国家的本质视为描述性的而非规范性的。印度的

---

[1] *Vom Ursprung und Ziel der Geschichte*(《历史的起源和目标》), Zürich 1949.
[2] 这一道德革命发现了道德的一般法则,例如黄金律。参见《论语·卫灵公》24 和 *Dhammapada*(《法句经》)X 3 f.。

《实利论》(Arthaśāstra)——甚至超过了中国的法家——是这方面的极好例证：问题并不在于如何来为国家权力辩护，而在于阐明有助于国家权力集中的技艺。其中提出的有些手段，要远远早于马基雅维利；不过，《考提拉实利论》(Kauṭilīya-Arthaśāstra)中缺少那些复杂的道德论证，而马基雅维利以此来论证传统德性的瓦解。

三、完整意义上的政治哲学起源于希腊人，或者更为准确地说起源于柏拉图：智者提出了为何国家是合理的问题，柏拉图则首次发展出了一套复杂的认识论和形而上学的正当性论证。为什么希腊文化成功地产生了这一转向？三个因素起到了作用。首先，雅典戏剧（通过悲剧与喜剧）揭示了政治问题的敏感性。悲剧存在于不同机构或者个人与机构之间的冲突中；而阿里斯托芬的喜剧则对社会及其批评和乌托邦式的社会思想进行讽刺。其次，希罗多德研究了外邦文化的不同价值体系。在他的著作中，我们首次发现了三种统治形式的优劣分析。[1] 最后，几个希腊城邦的民主传统发展出了公共讨论和对政策与政治机构的合理分析。这甚至表现在反对民主的著作中，例如色诺芬的《雅典宪法》(Constitution of the Athenians)。对他老师苏格

---

1 Histories（《历史》）III 80 ff.

拉底的审判和处决，引发了柏拉图对政治哲学的兴趣。苏格拉底被视为是理性伦理学的奠基者，柏拉图将他视为公义之人。苏格拉底之死使得柏拉图陷入对城邦的深刻怀疑。与此同时，柏拉图依旧是一个古代思想家，他写了两部政治哲学巨著。即便是他最为著名的形而上学和认识论反思，也在《理想国》中有所体现。该书让人最为惊叹的特质是其循环结构：正义的后果问题，包括那些在来世王国中的问题，出现在全书的开始和结尾。柏拉图在第二、第三以及第十卷的开端部分讨论了与教育紧密关联的诗学问题。第三和第四卷讨论了理想的社会秩序，这基于理想的灵魂，这三部分分别对应城邦的章节。第八和第九卷讨论了灵魂与城邦的堕落。而在核心的第五到第七卷，柏拉图阐释了认识论与形而上学。请注意该书中有一条向上运动的线索，即从实践问题上升到善的形式，后者是形而上学伦理学和政治哲学的终极基础；书中还有一个向下的运动，从最高的形式下降到体现在现实生活中的政制（polities）；全书的高潮是那三个著名的隐喻——太阳、线条和洞穴。洞穴隐喻描绘了上升和下降运动，离开洞穴又回到其中。《理想国》也模仿了这种运动。为什么要将形而上学放入一本政治哲学的著作？形式的诸多作用中的一种就是提供规范性的标准。《理想国》中柏拉图的主旨在于，社会世界自身并不具有价值，其价值必须在超越其自身的规范性原则中找到基础。在哲人王[1]的教育中，柏拉图提出了数学的重要性。这与数学可能的实用性无关，数学让灵魂准备好从生成世界（world of becoming）转变为实存世界（world of being）。数学教会我们，纯然事实的世界，包括我们生活的社会世界，并非终极实在。

无论如何，柏拉图和后来康德严格区分的实然与应然还有一定距离。因为在开启了形式和感官世界的二元论之后，柏拉图竭尽全力要将哲学家带回城邦中。首先，形式决定了经验世界。后者并不缺乏任何价值，但是（只是）反映了理想秩序。理想秩序具有最高的价值。个人的主体性绝对不是价值的来源。也正是由于这个原因，柏拉图的政治哲学无法产生现代政治哲学的乌托邦力量，即便是他的一些理念——善与妇女的共产主义——启发了后世乌托邦思想的形式。（然而，要看到在柏拉图那里，共产主义仅限于护卫者［guardian］和哲人王，它并非普遍原则。）柏拉图也缺少现代乌托邦主义的另一个前提：一种必然导向人类进步的历史哲学。柏拉图拥有一套复杂的历

1　*Republic*（《理想国》）524d ff.

史哲学[1]。他认为，智力的进步与继承的道德风尚的瓦解携手同步，但这种联合很难留下持久的机制。其次，柏拉图关于灵魂和国家的平行理论毫无疑问是希腊式的。这意味着，个体伦理和政治伦理是同一枚硬币的两面：好公民必须是有德性的人，而真正有德性的人必须服从城邦的使命。这在亚里士多德那里依旧十分关键。[2] 此外，对柏拉图而言，灵魂和城邦根植于两者的等级结构中：只有那些能够将灵魂的三个部分按序排列的人——即让其感官和野心服从理性——才符合城邦的规则。这也要求哲人应当成为国王。但为何应由那些将知识作为最高快乐的人来进行统治呢？柏拉图坚持认为，哲学家为了照顾整体的缘故，应当强制自己为公众服务，即便这意味着他们不得不牺牲自身的快乐。[3] 然而，缺少权力直觉的人也大致不会在政治世界取得成功。柏拉图笔下那些饱受折磨并最终被牺牲的公义之人——他们本质上是道德的，但看上去并非如此，并招致仇恨[4]——很好地说明了，道德与政治生活的

---

1 Konrad Gaiser 对此进行了重构，*Platons ungeschriebene Lehre*（《柏拉图未写下的学说》），Stuttgart 1968, 203 ff.。
2 参见 *Politics* 1276b16 ff., 1323b33 ff.。
3 *Republic* 519b ff. 亚里士多德（*Politics* [《政治学》] 1264b16 ff.）为这些段落中的反幸福论而感到震惊。
4 *Republic* 361e f.

统一是何等困难。

对柏拉图政治哲学最有洞见的批评来自亚里士多德。他对柏拉图共产主义的拒斥基于家庭与国家（村庄居于两者之间）的范畴差异，而非量的差异。国家不能被视为一个大家庭。[1] 不同于共产主义，他提醒我们，人们看上去更愿意为私产负责，而不愿为公产负责，这预言了不同能力的人之间的冲突。[2] 柏拉图支持一种理想的贵族制，它不是建立在血统而是在知识和道德资质的基础之上。而亚里士多德则支持温和的民主制，他将之称为"政制"（politeia）——在其中，大多数穷人并不对少数富人施加暴政。决定宪法是否是善的标准在于，它是否致力于共善（common good）；另一个标准是政治体系的稳定。在柏拉图和亚里士多德那里明显缺失的是普遍人权。因为整体先于部分。[3] 亚里士多德赞成要根据其实质价值，在以下两者之间进行妥协——即平等的形式原则和做出正确决定的要求。他承认，在某些情况下，如何解决国家形式问题的答案会有所不同：如果存在一个高尚的个人，君主制或许

1　参见 *Politics* 1261a16 ff.。
2　*Politics* 1261b33 f., 1263a11 ff.
3　*Politics* 1253a18 ff.

是正当的。[1]

柏拉图和亚里士多德不仅都缺乏普遍人权的理论，而且两人都特别将政治哲学限制在城邦的政治形式中。毋庸置疑，他们熟悉那些很大的王朝的君主政体。在希腊（范围）之中，亚里士多德在城邦之外还提到了伦理（ethos）。然而，城邦是最好的单元。他们只是偶尔提到泛希腊的理想[2]。亚里士多德并没有兴趣发展一套国外关系的规范性理论，尤其在谈论非希腊世界的时候。亚历山大大帝摧毁了城邦的世界，并且强化了希腊人和"蛮族"的相遇。但令人惊讶的是，他的老师对这种世界历史的变化却几乎没有回应。

四、希腊化哲学在智力上是无法与柏拉图和亚里士多德的古典思想相提并论的，那段时间所发生的重大政治变化极大地影响了政治哲学的发展。我们甚至可以说——至少我确信如此——亚里士多德和西塞罗之间的分野，远大于西塞罗与中世纪之间的差异。[3]虽然罗马帝国复杂的宪法结构反映了它起源于城邦理念，希腊化王朝和随后罗马帝国的政治现实不可避免地超越了城邦的世界。世界主义的

1　*Politics* 1288a15 ff.

2　*Republic* 470c；*Politics* 1327b32 f.

3　参见 Alexander James Carlyle, *A History of Mediæval Political Theory in the West*（西方中世纪政治理论史》), Edinburgh/London 1903, Vol. I, 9。

理念出现了，尤其在斯多葛学派和伊壁鸠鲁学派中。[1] 与此同时，个人的主体性产生出一种困难，它无法在柏拉图的意义上继续保持灵魂和城邦之间的联系。罗马在哲学上的重要性体现在西塞罗的《论共和国》（De republica）中：对他而言，罗马宪法平衡了君主制、贵族制和民主制的元素，因而实现了柏拉图所梦想的理想国家。罗马人对历史的着迷是新的东西，在历史中理想经过几个世纪，在缓慢地发展中被认识。我们必须认识到，罗马人在共和国后期真正做到了两方面的完美平衡，即分权和制衡的平衡，后者即维持强大权力所需要的必要行动。罗马文化在政治哲学发展中的另一个重大成就，是正义理念的法律化：罗马人将正义化身为法条，同时将实在法与其在自然法中的道德基础联系了起来。这一观念在亚里士多德那里还是边界的，在斯多葛主义中继续发展。对它的经典辩护见诸西塞罗的首部著作《论法律》（De legibus）。罗马人巨大的政治成功并没有伴随对政治悲剧维度的微妙认识——后者是希腊精神的特征：其原因可能在于，对现实过度分化的认知与行

---

[1] 参见 Zeno's fragment I 262 in *Stoicorum veterum fragmenta*（《斯多葛学派的德性论残篇》），ed. J. von Arnim, Stuttgart 1964 and Diogenes of Oenoanda's fragment 30.II.3–11 in Diogenes of Oinoanda, *The Epicurean Inscription*（《伊壁鸠鲁派铭文》），ed. M.F. Smith, Napoli 1992。

动所需的德性是不相容的。

五、要评价基督教对政治理论的贡献是非常困难的。因为这通常取决于个人与基督教或至少与一神论的关系。我的路径要避免全然一致和敌视。我所感兴趣的是基督教所导致的意识形式的变化,以及这些变化对人们关于国家的态度的影响。不可否认的是,基督教极大地改变了政治的架构:为了回应这样的指责——即基督教导致了古代世界的解体,并瓦解了公共领域的统一——奥古斯丁写了《上帝之城》(*De civitate Dei*)。这种指责反复出现在西方历史的进程中,例如,在马基雅维利[1]和卢梭[2]那里。毫无疑问,奥古斯丁将上帝之城(civitas Dei)和世俗之城(civitas terrena)对立的做法,以更为激进的方式贬低了政治世界——远胜于柏拉图转向形式世界所能企及的。奥古斯丁的一个问题体现了与(希腊人将之神圣化)国家体制的最大距离:"如果缺失了正义,国家何异于抢劫?"[3]奥古斯丁指出,罗马起源于自相残杀。他削弱了罗马的合法性[4],他的原罪说又证明了那种极大启发了古代政治哲学的

---

[1] *Discourses on Livy*(《论李维》)II 2, 26 ff.
[2] *Du contrat social*(《社会契约论》)IV 8.
[3] *On the City of God*(《上帝之城》)IV 4.
[4] *On the City of God* XV 5.

人类乐观主义是无效的。基督教的普世本质要求，如果国家不能囊括全人类，那就是成问题的："对我们而言，没有什么比国家更为陌生的了。我们只承认万民的国家，也就是全世界。"[1] 即使那些拒绝超越的上帝理念的人也应当承认，基督教的转向一方面准备好了心灵的理念——它不是自然的一部分，笛卡尔的我思（res cogitans）是基督教上帝的继承者；其次，通过号召人们脱离其与政治体系的自然统一，基督教使得近代社会科学成为可能——它从外部描绘社会世界，并因此剥夺了其价值。基督教的普世本质当然与上帝的观念有关，它克服了一神论与（作为犹太教特征的）选民信念的奇怪组合。

但是基督教并不是简单要人们放弃社会世界。它也对后者提出要求，因此国家和教会之间的冲突关系，成为中世纪政治和政治哲学的关键议题。特别是在11世纪的（表现在《教皇敕令》中的）"教皇革命"之后，教皇要求最高的权威，甚至是对皇帝。对教会和帝国权力的分界，构成了中世纪政治哲学的主题：萨利斯伯里的约翰（John of Salisbury）在《论政府原理》（*Policraticus*）一书中证明了诛杀暴君是合法的。从该书中将国家从属于教会的学说，到

---

[1] Tertullian, *Apologeticum*（《护教篇》），38.3.

但丁的《论世界帝国》(De Monarchia)中的二权独立,最终在帕多瓦的马西略(Marsilius of Padua)的《和平捍卫者》(Defensor Pacis)中将教会从属于国家,这为近代主权理论做好了准备。中世纪政治哲学最为持久的贡献之一,毫无疑问是对自然法学说的阐释,尤其是在阿奎那的《神学大全》(Summa theologiae)中。该书中对正义要求的宝贵表述,远远超出了任何古代世界的表述。在16世纪,自然法学说启发了国际法和正义战争学说的形成,例如弗朗西斯·维托利亚(Francisco de Vitoria)的《论战争权》(De Jure Belli)和《论印第安人》(De Indis),它们强有力地捍卫了美洲原住民对抗残暴的西班牙征服者的权利。

六、近代早期始于与中世纪的绝裂,但是人类精神的断裂通常属于那种被拒绝的自然,后者继续影响着拒绝的心灵(rejecting mind)。始于奥古斯丁的消极人类学继续在近代政治哲学的创立者(马基雅维利和霍布斯)那里起作用。但是因为不再存在救世主,他们对政治现实的看法要比教父们更为黯淡。在近代早期,欧洲形成的政治机构既不是城邦——它使得生活可以被管理并产生了"政治之友",也不是神圣罗马帝国——其贵族普世论缺少真正的政治权力,而只是领土国家;它是在情感上所熟悉的城邦与高尚的帝国理想之间的中介结构。新兴主权国家不得不与其邻国和前政治单位（例如传统的封建结构或者教会权威）作战，它的形成也解释了为什么权力统治的系统化是至关重要的。在几年内，两篇近代政治哲学的奠基作品横空出世——托马斯·莫尔的《乌托邦》（*Utopia*）和马基雅维利的《君主论》（*Il Principe*）——这并非偶然。这两部作品差异明显，但是它们都反映了价值从（始于基督教的）政治领域撤出的过程。不过现在可以偶然发现如下观念，一方面将政治现实作为与价值无涉的事实复合体进行分析；另一方面，将世界看作全然是主体的创造。19世纪出现了与价值无涉的社会科学和试图改造历史的乌托邦主义，这一进程才得以完成。有些东西还是异于现代早期的乌托邦的，后者是空间上的而不是时间上的乌托邦，因为还没有18世纪出现的、以进步为导向的历史哲学的工具。

与《实利论》的作者相比，马基雅维利之所以具有原创性，在于他提供了有别于印度先贤的思想。战略合理性在很早之前就存在了。我们看到，对其进行体系化的尝试也并非新鲜事物。马基雅维利的创新在于，他毫不避讳道德论证的用途。这建立在一种令人不安的洞见之上，而马基雅维利同时非常欣赏它，即由传统德性引发的政治行动的后果可能是有害的；而被认为是恶的政治行为却有积极的后果。从根本上来讲，马基雅维利代表了后果论对德性伦理的初步胜利。对马基雅维利而言,最为明显的例子是:好心肠的统治者允许在他左右产生权力真空,这将导致内战;另一方面,嗜权的暴君通过一统权力,给饱受战争摧残的地区带来和平。我们必须认识到,马基雅维利能够区分使用暴力——为了更高的目的,例如公益——和个人复仇或残酷的满足。但与此同时,他能想象的唯一的公益属于他所效忠的国家。为此,其他国家和人民的福祉可以,也应当被毫不犹豫地牺牲。[1] 所有阐释马基雅维利的主要问题都在于《论李维》和《君主论》之间的张力。前者显然支持共和体制,而后者则同情独裁统治。出路在于马基雅维利在例外的历史情景中接受非共和制,例如在建立国家时以及当共和体制因为人民的堕落而无法运作时。[2] 必须要考虑历史情景,正是这一点才将(接受古代历史学教诲的)马基雅维利和统治17、18世纪的自然法理论区分开来。

但是近代早期最为重要的政治哲学家毫无疑问是霍布斯。他和柏拉图的哲学与人格都构成对立,他以其平民

---

[1] 参见 *Discourses on Livy* III 41。
[2] 参见 Gennaro Sasso, *Niccolò Machiavelli–Storia del suo pensiero politico*(《尼科洛·马基雅维利政治思想史》), Bologna 2nd ed. 1980。

的直白而吸引和驳斥我们。或者说：因为他缺乏外交的诡诈，他对政治的观点惊人地精准，而像洛克那样一个更好的政治家则过于谨慎，不会用直接的方式进行表达。有三个因素帮助了霍布斯的现代性（理论）：首先，他继续了马基雅维利对自然权力的探究。他概述了一种知识社会学雏形，且加上了一个全新维度：他并没有聚焦于理论的真理诉求和内在论证，他问这种理论支持谁来夺取权力。[1] 其次，他给予君主范畴以核心地位。让·博丹（Jean Bodin）在其《国家六书》(*Six livres de la république*) 中已经将君主提升为政治哲学的基础范畴，由此克服了中世纪的两种权力理论。博丹和霍布斯都对16和17世纪疯狂的宗教战争做出了回应。他们要限制以宗教理想名义出现的流血，这种要求无疑是合理的。再次，霍布斯接受的近代科学的核心方法。不同于像马基雅维利那样从历史文本中归纳原理（的做法），霍布斯将其政治哲学建立在自然主义人类学的某些基础信条之上，而这些信条植根于机械论的自然观。这一自然观拒绝神学对自然的揭示，摧毁了任何将人类努力建立在（体现在自然中的）客观之善基础上的可能。国家也被

---

[1] *Leviathan*（《利维坦》），London/Harmondworth 1987, 704 ff; *Behemoth or the Long Parliament*（《贝希摩斯，或长期国会》），Chicago/London 1990, 16

视为一种人造物，不再是一种反映宇宙和谐的结构。与此同时，这种结构、这个利维坦，通过垄断暴力，驯服了内战之魔贝希摩斯（Behemoth）——它用宗教范畴来获取对它的支持。[1] 霍布斯的关键洞见在于，如果不是从一开始就决定了谁可以就法律和合法使用暴力问题做出最终决定的话，那么不同人民和不同国家机构之间的冲突是不可避免的。对霍布斯而言，构成主权国家机关需要什么——需要君主还是代议议会——是次要的，即便他显然倾向于前者。然而，他的君主制烙印完全不同于通常的君权神授合法性。霍布斯支持君主，无论谁是君主，哪怕是篡位者，只要其统治用最为有效的方式在确保国内和平。

褒扬国家在一国之内保持和平的功能，并非原创之见。然而他的原创之处在于，通过新形式的契约论，来给予和平价值的个体主义以合法性。对霍布斯而言，所有人都是理性的自我主义者（egoist），或者说，如果他拥有区分描述性和规范性命题的观念资源的话，人类就应当成为理性的自我主义者，因为他们的自我主义足以来解决和平问题——即主体将自己臣服于一个公共的权威。（契约只会出现于主体之间，而不是主体和君主之间。）既然我们所有

---

[1] *Leviathan*, 227.

人都畏惧死亡,我们都具有和平的有利因素,而且作为理性的存在者,我们都熟悉《利维坦》中的论证。我们都可以理解,为何一个垄断暴力的君主机构必然要确保和平。因此就不需要对国家进行形而上学或者伦理学的合法性论证。事实上,认为人应当抵抗国家这样一种信念可能更为危险。霍布斯对死后存在的信念持有极大的怀疑,因为这样一种信念,可能使得人们服从那些许诺死后存在的人而非君主。[1]霍布斯的个人主义伦理学具有一种平等主义的风格:我们必须考虑每个个人,这并不是因为人性的整体尊严,而是基于一个简单的理由,即在原则上任何人可以杀死其他人。[2]对霍布斯而言,各种人类旨趣之间并没有道德差异,所有旨趣均具有同等地位。无论何时,人都试图去为传统德性进行辩护,从而让传统为他所用。例如,人们感激原谅的能力,这并非由于其自身价值,而是因为它有助于国内和平。

霍布斯理论的主要问题如下:为什么要遵守(作为第三种自然法要求的)契约?如果规范的最终基础在于它是否有利于我自己的利益,那么就没有理由让我不违反承诺,

---

1 *Leviathan*, 478.
2 *Leviathan*, 183.

当这样做更为有利的时候。一些学者认为霍布斯的第三种自然法具有绝对地位。[1]但很难看出，这如何与（霍布斯的）不具有无条件义务的说法并存。霍布斯无疑需要这种自然法，但它并不符合他的自然主义人类学。由于这一点，他大概只能说，打破这种信仰而臣服主权是冒险的，但是人可以接受这种风险，而并不将死亡视为最大的恶。但是依然不清楚的是，在霍布斯理论的基础上，为什么公民应当愿意为其国家作战并拿生命冒险，而不是让自己臣服于邻国的君主。最后还不清楚的是，为何人应当放弃他在自然状态中不确定的安全，而将自己的生死让渡于一个未经检验的个人。正如洛克写道的那样："想想看，人是如此愚蠢，他们小心翼翼地去避免那些可能对他们造成伤害的臭鼬或是狐狸，却不担心狮子对他们安全造成的威胁。"[2]

尽管有这些著名批评——它们针对霍布斯，但没有点名——要知道洛克和他的继任者并没有放弃霍布斯的基本洞见，这一点至关重要：要求代表人民，以及更为重要的分权理论，要求国家之内具有体制性的保障，以防止政府

---

1 Howard Warrender, *The Political Philosophy of Hobbes*（《霍布斯的政治哲学》），Oxford 1957.

2 *Second Treatise of Government*（《政府二论》），§93.

滥用权力。这些保障并不挑战主权的观念和国家对使用暴力的垄断。(在洛克看来,只有在极端情况下,抵抗国家才是合理的。)法律甚至宪法,都是可以修改的。至关重要的是,这些修改本身也必须符合法律,以避免无政府状态。现代早期欧洲哲学的一个重要成就是,将分权和主权观念整合在一起:要非常精确地确定不同国家机关相互监督的秩序;而且也只有这些机关的整体才能被称为主权。美国宪法的巨大历史优点在于,它在横向上将权力划分为立法、执法和司法之外,还加上了纵向上联邦和州的区分。尽管有些重大的改变,在国内和国际舞台上,美国可以几乎保持其宪法不变。(从1791年《权利法案》批准到今天的宪法,中间只有十五个修正案。)这说明了宪法创立者的极高才智。

伴随现代国家的宪法修改,出现了德国哲学家阿尔诺德·盖伦(Arnold Gehlen)所说的"超结构"(superstructure)[1]。他指的是科学、技术和资本主义经济的联合,它所造成的改变,极大地区分了我们的现代社会和前工业化的农业世界。虽然一般人经常会低估希腊科学的高度,但有一点是对的:在古代世界,除了少数特例外(例如阿基米德),科学和技术是分离的。17世纪的核心观念就是用一种前所未

---

[1] *Die Seele im technischen Zeitalter*(《科技时代的灵魂》), Hamburg 1957, 11 ff.

有的方式，将经验科学和技术联系起来。开始实验的往往是初步的引擎，只有当发展更为复杂的引擎有助于更快地生产所欲求的商品时，人们才会投资。霍布斯曾经为弗兰西斯·培根工作。培根不仅构想了近代实验科学的方案，他在《新亚特兰蒂斯》(*New Atlantis*)这部最为现实主义的近代早期乌托邦作品中，构想了国家控制科学与技术发展，以提高人力、消弭贫困和疾病。同样重要的是对产生于18世纪的资本主义进行的新辩护。曼德维尔的《蜜蜂寓言》(*Fable of the Bees*)提供了一种类似于马基雅维利的终极论证：他发现，被传统视为邪恶的性格特质可以产生有益的后果。贪婪和对奢侈品的欲求释放出了近代资本主义的生产力。这一所有权个人主义[1]的新计划的重要部分在于，将一样事物和一个人的价值还原为其市场价格。[2]

人们通常认为，洛克在《政府二论》(*Second Treatise of Government*)中所展开的自然法概念与《人类理解论》(*Essay Concerning Human Understanding*, II 28)中的自我主义伦理学是不相容的。事实上，尊重每个人基本权利的义

1　我指的是以下这本书：Crawford Brough Macpherson, *The Political Theory of Possessive Individualism*（《所有权个人主义的政治理论》），Oxford 1962。

2　参见 *Leviathan* 151 ff.。

务如何可以被一般地还原为私利，这是不容易理解的即便在某些情况下，这种还原是可以成立。康德的伦理学是这一学科历史上最为重要的转折点，其原创性在于它不同于任何自我主义的伦理学——包括古代和中世纪的幸福说。做某些让自己不幸福的事，或者没有做某些对自己的幸福是必需的事情，可能也是我的义务，实践理性的要求不同于那些低级的欲求能力，它们属于不同的等级。康德的形式普遍主义和意向论的伦理学，是对18世纪发生的重大宗教、社会和政治变化的回应，它削弱了非平等主义的、贵族制的古代统治。[1] 康德的核心道德原则是可普遍性（universalizability）：在同等条件下，只有当他人具有同等的权利或义务做某事时，一个人才具有权利或义务做此事。人们经常批评可普遍性原则并不足以产生重要的规范。但是道德的必要条件如下：一个在原则上无法被普遍化的行为不可能是道德的。在其普遍主义伦理学的基础之上，康德在政治哲学中支持共和体制和构建国家联盟。他希望后者可以克服战争的机制。

---

[1] 对这些变化最好的论述来自 Jonathan Israel；请参见他论启蒙运动的三卷本中的第一卷 *Radical Enlightenment: Philosophy and the Making of Modernity*（《激进启蒙：哲学和现代性的建立》），1650–1750, Oxford 2001.

康德的转向是德国理念论哲学的起点。在这一运动中，最为复杂的政治哲学呈现在黑格尔的《法哲学原理》（*Grundlinien der Philosophie des Rechts*）中。它可能是政治哲学最伟大的经典。这本著作之所以独一无二，是由于以下三个特点：首先，黑格尔提供了现代和古代政治思想的综合。在卢梭那里已经有一种对古代政制的怀旧，但是渴望一种希腊城邦中的替代生活，仅仅是对他自身主体性过度的回应。那种不切实际远远超出了他同代人可以承受的范围，对古代人而言也是无法企及的。黑格尔相反深深地根植于现代性：他尤其接受将普遍权利作为自然法的基本内容——国家是建立在自然法之上的。和康德一样，黑格尔是普遍主义者，他反对将伦理学和政治哲学建立在幸福论之上。但不同于康德的是，黑格尔并不认为法律的任务仅仅是在不同人之间界定自主的领域。黑格尔在前两个章节中，回应了康德《道德形而上学》中的权利学说和德性理论，这远远超出了抽象法和道德。黑格尔假定，人们在伦理生活（Sittlichkeit）的领域中与三种社会机构发生联系，即家庭、市民社会和国家。决定性的想法在于，这些机构都不可被还原为对人的法律权利的保护（如抽象法那样），也不能被还原为人对自身道德主体性的占有（如道德那样），它们必须被理解为目的自身，它们是全体具有内在价值的参与者所理解的共有机构，它们得到德性的支持。在康德和费希特的政治哲学那里，国家是与权利范畴相关联的，后者必须得到实施；而德性属于私人领域。然而，黑格尔回到这样一种古代理念，即没有德性或者若不承认道德社会机构超出工具性的价值，国家就无法兴盛。与此同时，黑格尔是非常现代的，因为三个基本机构中的一个就是市民社会。市民社会对古代人而言是陌生的。（在亚里士多德那里我们看到，家庭和城邦之间的中介是村庄。）在市民社会中，经济的自我主义得到发展的机会。黑格尔是第一个研究政治经济学这一（诞生于英国的）新学科的德国哲学家。他对市场机制功效持有很强的信心。然而，民众的形成没有受到市民社会的阻挠，而是在市民社会中发生的，需要例如公司这样的机构来控制资本主义的自毁倾向（§§241以后）。更谈不上，可能将国家的伦理实质还原为普遍自我主义的逻辑，后者处于市民社会之中而非之外。

其次，黑格尔使用了概念生成的先天方法，即所谓的辩证法，以展开不断复杂化的社会形式——从贫穷、契约、过失和惩罚，到目的和责任、意向和福利、善和良知，再到家庭、市民社会、国家，最终是战争。用这种方式，他结合了两者——他受到了孟德斯鸠的巨大影响，提供了一种政治社会学，但由于受到辩证方法的启发，它不是那么经验化的。与此同时，他发展出了一种规范性政治理论，不同于康德与费希特，这种政治理论处于自然法的核心。我在第四讲中将回到这一概念。黑格尔这部著作的副标题"自然法和国家学纲要"，暗指这双重任务。恰是这双重任务构成了这部著作的主要问题之一。国家的描述性科学——它成为今天的政治学——的任务是理解何时以及为何国家要诉诸战争。如果我们不想赞许或甚至接受所有国家之间的暴力，就需要一种正义战争的规范性理论。不幸的是，这样一种理论在黑格尔对战争的论述中是完全缺失的（§§ 330—340）。按照康德的看法，黑格尔无法保持实然和应然的区分。另一方面，我们必须认识到，黑格尔的形而上学建立在一个深刻的洞见之上：对他而言，规范性要求不是从天上掉到（缺乏价值的）现实中的东西；这个世界自身在某种程度上就是价值的彰显。应然贯穿了实然。黑格尔的哲学关注自然和精神的形式不断接近绝对理念要求的过程。终极的规范性标准在黑格尔的第一哲学《逻辑学》（*Wissenschaft der Logik*）中得以展开。[1]

黑格尔政治哲学的第三个特征是对自然法的承诺和

---

1 对黑格尔体系的全面分析，参见我的书：*Hegels System*（《黑格尔的体系》），Hamburg 1987。

精巧的历史识别力（sensibility）之间的平衡。历史变化不仅影响外部事件，而且还影响整体心智、识别力，甚至思维方式。这是18世纪的发现，维科（Giambattista Vico）的《新科学》(*Scienza nuova*)很好地表达了这一点。这一发现可以导向极端的相对主义，例如尼采，也可以导向一种信念，即对一个机构的终极辩护来源于历史，而历史则必须被看作必然的进步，例如在马克思那里。黑格尔也相信，人类的自由意识在缓慢进步，但是毫无疑问他并不通过诉诸历史来为规范辩护。恰恰相反，超时间的规范体现在历史中；历史被符合目的地引导去实现合理的规范。历史主义者的意识，使得黑格尔并不支持对自然法理论家的教条态度——他们想将他们认定为有效的，运用到一切文化上。黑格尔相反清楚地认识到，法律和政治体系具有其文化假定。请注意这只是起源上的假定，而不是有效性的假定，黑格尔从未说，为了接受普遍权利的原则，一个人必须成为基督徒。但是他相信，基督教促进人认识这种权利的过程。如果有人想要批评黑格尔，或许应当对可移植性（transferability）——即将出现于法国大革命之后的现代国家的原则运用到东方文化中——保持怀疑。黑格尔生活在全球化之前，但他依然相信，多元文化会彼此保持封闭。总体而言，黑格尔对未来并不感兴趣。哲学对他而言，负有理解已形成世界的任务。

19世纪的政治哲学关注了两个黑格尔尚未找到令人满意合法性的议题。一方面，有民主的问题。在民主化进程中最伟大的著作无疑是托克维尔的《论美国的民主》(*De la démocratieen Amérique*)。这个法国贵族在民主原则的胜利中看到了某种不可抗拒的东西，即便他并不回避其中的两种危险。首先，民主可能导致多数人的暴政，在某种意义上，托克维尔预料到了20世纪的极权主义恐怖。然而，如果发明了一种分权机制，这种危险是可以避免的。托克维尔认为，美国宪法在这方面是成功的。其次，平等主义是民主的根基，它不仅会反抗不平等，反过来它也会反抗不平等的德性。一种导向平庸的趋势驱动着它，这更加难以控制。另一方面，工业革命所导致的生产力激增，不仅在人类历史上第一次解决了大规模贫困，而且在短期内增加了那些生计依赖于传统生产方式人的痛苦，社会议题成为19和20世纪政治的主导问题。社会问题通常与民族问题有关，因为当社会团结诉诸共同的集体认同时，它更容易进行动员。国家权力的增长是民族主义的特征。为了应对工业革命带来的挑战，这已经不可避免。即便当认识到重新分配贫困，以克服贫穷的最野蛮形式，乃是国家的责任，这依然是对古典自由主义的挑战。古典自由主义希望将国家权力限制在内外安全方面,也即维持以往存在的财产关系。只有当生产是足够的,可持续的再分配才是可能的。因此,福利国家应当创造市场,并限制其干预,后者很容易抑制生产。从根本上来说,所有西方民主制度都表现了在古典自由主义(非干涉主义)和现代福利民主制之间的各种妥协。

大多数工人对西方资本主义体系取得经济与社会进步都感到高兴,但马克思主义依然吸引人,尤其在知识分子中广为传播,这也有其理由。首先,马克思主义提供了一种改善。它用社群传统挑战了痛苦的异化——这种异化是所有制个人主义造成的,在工业革命中被加剧。其次,它结合了乌托邦主义和对现实的非偏见的观察,也就是莫尔和马基雅维利的结合。再次,马克思主义诉诸革命,它将现代性关键的认识论原则"真理即被创造"(verum-factum),从理论转换到实践层面:善是我们应当创造的,不仅如此,而且应当以集体努力来创造。毋庸讳言,20世纪的灾难——两种极权主义和两次世界大战,以及被称为"冷战"的全球内战——并没有产生出与之相应的政治哲学。社会科学接受价值无涉来描述社会世界,不再给任何事开药方。西方世界的政治失去了其自主性,从而逐渐成为对其他社会子系统(尤其是对经济系统)的回应。在老年尼采宣告了权力的终极实质之后,卡尔·施米特在《政治的概念》(*Der Begriff des Politischen*)中将政治仅仅视为界定敌友。

西方在1989年取得了明显的胜利。肤浅的黑格尔主义者福山(Francis Fukuyama)对此拍手称快[1],这产生了一种更为冷峻的感觉。如今,我们看到"冷战"的复苏和宗教激进主义形式的扩张——启蒙运动相信这些早已被一劳永逸地克服。实际上,即使不像1989年的福山那样彻底悲观,仍有三个理由足以让我们保持警醒:首先,现代国家的复杂价值基础——这在康德和黑格尔那里得以表述——正在遭到迅速的侵蚀。如果我对霍布斯的批判是正确的话,仅仅基于合理的自我主义,国家是不会长久的。其次,大战的风险——可能使用大规模杀伤性武器——在最近十年中增加了。这部分是因为国际领域在迅速变化,部分是因为新出现的国家不再属于相同的文化背景。再次,环境问题威胁着现代性,后者还没有准备好迎接前者的复仇。因为现代政治哲学使政治与自然脱钩了。所有这些都表明,有必要重新思考政治的道德基础。

(罗久 译)

---

1 *The End of History and the Last Man*(《历史的终结和最后的人》), New York 1992.

现代性与合乎理性的自然法
张汝伦教授对第一讲的回应

非常感谢您接受我们的邀请,今晚在这里演讲。但我还要感谢您的大作《道德与政治》,十年前读它时我从中学到了不少东西。

"冷战"结束以后,建立在利己主义(egoism)基础上的盎格鲁-撒克逊自由主义政治哲学重入中国,产生了很大影响。许多中国人由此相信,政治与道德无关。政治只是一种治理的活动,它按照一定的规则协调不同的利益,根据它们对于整个社会福祉和生存的重要性,按比例来让它们分享权力。道德对政治没有要求,政治只是一个确保个人权利不受侵犯的工具。

道德和政治是彼此独立的领域,把它们混在一起从理论上说是荒谬的,从实践上说是危险的。至于马克思主义者,则把政治视为夺取政权和保持掌权的武器,也是超越道德的。此外,今天无论在东方还是西方,发展经济都成了实践的绝对命令。可实际上,20世纪的政治灾难,恰恰可以用现代政治的道德虚无主义来解释，使用大规模杀伤性武器的战争风险和生态环境问题日趋严重也可以用它来解释。

然而，根据我们中国的政治哲学传统，尤其是儒家，政治与道德是不能分开的。政治的目的是建立一个公义的社会，保持天下太平，防止人们败德的行动。我们也知道，柏拉图以及他的学生亚里士多德，都认为政治与道德（伦理学）是一体的。柏拉图在《理想国》中要阐发的，是一种存在于灵魂中的正义的精神。正义、智慧、勇敢和自制既是城邦的德性，亦是个人的德性。如果在孔子那里，仁是一切德性的总名，在柏拉图那里，诸德统一于正义。对于他们二人来说，国家是使人正义的教育者，国家的一个职能就是教育。在亚里士多德那里，伦理学是他广义的政治科学的内在组成部分，他的伦理学著作显然不能被认为是单独的论著，而是研究政治的先导。从城邦的观点看，正义乃是德性的顶点。与儒家的政治哲学家惊人相似，在亚里士多德对政治正义的分析中，他强调杰出之士，或"最善之人"，其德性与其他市民的贡献完全不成比例：对于所有人来说，唯一正义之事就是服从这样的人，让他成为他们城邦"永久之王"。最佳政制的中心问题不是调节各群体不可调和的利益，而是施行德教，德性才是对政治正义的根本要求。

无疑，对于基督教哲学家来说，把政治与道德分开也是不可想象的。但是，对于某些近代西方哲学家来说，政治的确与道德无关。它们是完全不同的东西。如果在古代和现代之间有什么精神断裂的话，关于政治与道德之间关系的不同观点显然是其中之一。在您的演讲中，您提到，马基雅维利代表了效果论战胜德性伦理学的开始，我能将此胜利理解为现代对政治中的道德的拒绝吗？

我们首先在马基雅维利那里发现了是和应当的分隔。根据列奥·施特劳斯，马基雅维利关心人如何生活，并不仅仅是为了描述它；他是要在人应该如何生活的知识基础上教导君主应当如何统治和如何生活。他们应当保持自己，这就是他们的绝对命令。马基雅维利的"应当"要求明智而有力地运用德性和罪恶，它们实际上受制于现实需要。他在《君主论》中写道："一个君主如要保持自己的地位，就必须知道怎样做不良好的事情，并且知道视情况的需要与否，使用这一手或者不使用这一手。"[1]

霍布斯要把政治建立在某种情感——对暴死的恐

---

1 [意]尼科洛·马基雅维里（利）著，潘汉典译：《君主论》，北京：商务印书馆，1997年，第74页。

惧——的基础上。政治的这个基础是低级,但却坚实。因为情感是政治的唯一基础,道德的地位就是无关紧要的,如列奥·施特劳斯所说,在霍布斯那里,道德只是由恐惧引起的和平。道德律或自然法被理解为从自我保存的权利派生出来的;基本的道德事实是一种权利,而不是义务。[1]政治的最终目的是保证人的自然权利。从根本上说,政治不需要道德,康德说:"建立国家这个问题不管听起来是多么艰难,即使是一个魔鬼的民族也能解决的(只要它们有此理智)。"[2]这就是说,只要他们是精明的计算者,知道如何保持他们的权利就行。或者如你所说,他们应该是理性的利己主义者。这也意味着人的德性对于政治来说是不必要的。马克思也没有说起过无产阶级的德性问题。

正是在近代,西方哲学家开始正面评价恶。就像您在演讲中告诉我们的,马基雅维利相信,传统谴责邪恶的性格特征可以产生有利的结果——贪婪和渴求奢侈品释放出了近代资本主义的生产力。而且我们也知道,康德在这个问题上有相似的立场。他像卢梭一样不满文明的罪恶,但

---

[1] Cf. *History of Political Philosophy*(《政治哲学史》), ed. by Leo Strauss (Chicago & London: The University of Chicago Press, 1987), pp. 401–2.
[2] [德]康德著,何兆武译:《永久和平论》,《历史理性批判文集》,北京:商务印书馆,1990年,第125页。

他对它们积极的、不可或缺的历史作用比卢梭要强调得多得多。他认为它们最终一定会克服或超越它们自己。他相信大自然恰恰利用了人性中的自私倾向,以产生人类无力的公意提出的那些目的。在历史进程中,秩序产生于冲突,和平来自战争,公共福祉源于私人罪恶。这些关于人类文明史的观点究竟是描述性的还是规范性的?不管是什么,在康德的政治哲学中,道德要求的政治秩序(它反过来又为道德铺路或促进道德任务)不仅在道德上是中立的,而且是通过不道德的手段获得的,或至少没有情感和恶是不可能的。但是,这样的政治秩序如何能促进道德却是成问题的。

康德似乎几乎不区分规范性和描述性。他假设最佳社会秩序应该符合道德要求,为道德实践做准备,但我们不知道这二者之间的关系为何,它如何不同于种种马基雅维利式的现实的、犬儒的、自私的或功利主义的建构。我不知道康德普遍主义的伦理学是否真正构成了他政治哲学的基础。他用魔鬼民族的例子来论证国家的建立不需要人的道德上的善。好的体制不是来自人民的道德。实际上,无论人们看康德的政治哲学、法律学说,还是他的历史哲学,都会看到道德不是做得太多,就是做得太少。如果对人权的关注是他政治哲学和伦理学的核心,那么他的政治理论仍然是道德与"现实主义"意图不稳定的和无法令人满意的综合。从他的著作中我们可以看到,在他那里,政治有时是讲道德的,有时是不道德的。

康德最终相信,不是道德,而是资本主义商业,才是人类共同利益的媒介,它将促进世界和平。他告诉我们:"在从属于国家权力的一切势力(手段)之中,很可能金钱势力才是最可靠的势力;于是各个国家就看到(确乎并不是正好通过道德的动机)自己被迫不得不去促进荣誉的和平,并且当世界受到战争爆发的威胁时要通过调解来防止战争,就仿佛它们是为此而处于永恒的同盟之中那样。"[1] 在战争通过征服、道德通过教育失败的地方,似乎对于康德来说,好像商业,或更确切地说,金钱大约可以成功。但现在我们知道,康德的希望破灭了。商业或金钱不能创造或保持和平。但他的形式主义伦理学禁止通过各种制度和通过道德教育来解决政治问题。

儒家哲学家可能更会赞同黑格尔而不是康德。他们不会认为黑格尔"合理的就是现实的,现实的就是合理的"的命题是认同现存的制度。中国传统哲学有一个概念与西方古典的自然法概念相似。这就是"天理"。它不是道德,

---

[1] [德]康德著,何兆武译:《永久和平论》,《历史理性批判文集》,第127页。

而是道德之基础。古代中国哲学家认为人的道德应该遵循宇宙秩序,即人的行为应该按照天理来进行。他们不会认为"是"和"应当"是分隔的。对他们来说,应当始终渗透在是之中,否则它是没有意义的。天理不仅是最终的规范标准,而且也是一个宇宙的事实,一个无法改变的真理。它在人和人有,却不是由于人。在此意义上,天理与西方自然法的概念有重要不同。

虽然自然法的概念有许多形式,它一般指一个不依赖于习惯法和成文法,只是通过人的本性而约束人的法律体系。通常被挑选来作为自然法的基础的人性禀赋是理性。正是因为我们是理性的动物,我们才承认自然法,正是因为我们承认它,它才能约束我们。古代和中世纪常常试图从一个更高的法(神法)中派生出自然法,这个更高的法表达了神的意志。而近代西方思想(始于格劳秀斯,到康德达于顶点)的一个特征就是认为这种与神法的牵扯是不能让人满意的,因为它把自然法归结为成文法(即自然法是上帝制定的成文法的一个特例)。康德更进一步,说牵扯上帝意志是有害的,因为这使我们免去了包含在客观正义概念中的种种责任,上帝本身由于其本性也必须与此概念一致。康德通过将自然法置于被理性认为是先天的那些规则上而维护了自然法和成文法的区分。

我觉得，您演讲中的自然法概念是近代意义上的自然法，即在合乎理性的自然法意义上的自然法。这种自然法概念在近代主要被用来描述人的自然权利。洛克在《政府论》中断言，自然状态中的人处于完全自由和平等的状态。自然状态有一种法律，这就是理性，理性教导说，没有人应该伤害他人的生命、健康、自由，或财产。我认为，黑格尔在接受普遍权利作为自然法的基本内容时，他事实上也接受了一个自由主义证明规范性原则的策略，即诉诸自然权利。诉诸自然权利来证明规范性原则或规范意味着，规范性原则是以自然权利为基础的。但我们如何能证明自然权利？人们可以诉诸某种自明性来证明它们。但如我们所知，黑格尔质疑这样的自明性，因为自明性理论混淆或没有适当区分确定某事物是真的，因而相信它和某事物是真的，因而确定它。那么，黑格尔会怎样证明普遍权利或自然权利？不同程度表现在世界中的价值，源于何处？

我们知道，黑格尔并不拒绝设定某些普遍必然的是非标准的自然法传统，但他不是把自然法视为在历史进程之上，而是把它历史化，这样它成了历史本身的目的。但您告诉我们，这不等于黑格尔诉诸历史来证明规范。正好相反，超时间的规范在历史中表现它们自己。但我想要知道，如果不是诉诸他的历史目的论，黑格尔如何能证明那些超时间规范?

这也是对所有要维护某种形式的道德与政治的互补性的人的一个挑战。如果政治应该是道德的,必须首先证明道德规范。可能有两个选择来做这件事:诉诸上帝,或诉诸合乎理性的自然法(自然权利)。现代性选择后者。为什么自然权利是正当的?因为它们是合乎理性的,现代人会这样来回答。但我们能只用理性来证明权利吗?马克斯·韦伯在《新教伦理与资本主义精神》中说:"从某一观点来看是理性的东西,换一种观点来看完全有可能是非理性的。"[1] 从现代的观点看,普遍权利的确是合乎理性和自然的。但如果这个观念脱离了它的现代性语境,它的正当性主张还能保持吗?如果是现代性造成道德与政治的分隔,我们能用现代性的观念来挑战和纠正这个观念吗?如果现代规划已经遇到它内在的局限,耗尽了自己,甚至如您在《道德与政治》导言中说的,在某种意义上崩溃了,我们难道不应该建构一种超越现代性的道德与政治间关系的元伦理学理论吗?

---

[1] [德]马克斯·韦伯著,丁晓、陈维纲译:《新教伦理与资本主义精神》,北京:生活·读书·新知三联书店,1987年,第15页。

第二讲 | 道德与政治

一些概念的澄清和对一些反对就政治做出道德评价的意见的驳斥,以及一种"伦理学的伦理学"的理念什么是"政治的"(political)和什么是"道德的"(moral)？这两个概念对于就政治做出道德评价这项任务而言是至关重要的；但是要澄清它们的含义却并不容易，因为与之相对应的那些术语常常会被使用相似的名称，而意义却相距甚远。让我从政治这个概念开始吧。有时你可能会听到这样的说法，说一个学院院长"缺乏政治天赋"，即便他所服务的大学是一所私立学校。在这样的语境中，"政治"所指涉的显然并不是国家的事务，即使这个术语最初来源于"polis"这个用来指称古希腊语"城邦"(city-state)的形容词形式。与之相似，"政治审判"(political trial)这个术语，如果不想仅仅只是同义反复的话（因为审判通常都发生在公共法庭），那么它就必须指涉某种超越了作为国家导向的活动这一单纯事实层面的东西。实际上，我们用"政治审判"这个词意指那种由任何一方权力的利害关系，而非真正的法律上的论辩来做出决定的审判，或者它的结果会对国家中的权力分配产生重大影响的判决。由此，很清楚，"政治的"（political）在这里意味着"与权力斗争相关"（connected to power struggles）。我想，古希腊人恐怕会对这样来使用"政治"这一术语感到伤心，而我想要将其恢复到它"与国家相关"（referring to the state）的原初意义，因此，受古希腊的"权力"一词的启发，我创造了一个新词——"权术"（cratic）——来表示与权力的保存和扩张相关的活动。在"权术"（cratic）与"权术学"（cratology）之间做出区分是重要的，如同"政治的"（political）不同于"政治学的"（politological）一样：政治家通常具有权术方面的天赋，但是并不必然具有权术学方面的才能，因为权术学方面的才能所描述的是那些以权力为导向之人（the power-oriented person），即统治者（crat），为对象的有能力的观察者的特征。

政治与权术的区分并不否认这两个概念是彼此相关和部分重叠的。现代国家由于其在武力上的垄断而成为权力方面的终极权威；这样一来，在权术上有野心的人将会寻求国家权力。反过来说，一个政治人物自身必须具有权术方面的能力，不管是在他攀登权力高峰的道路上，还是处在权力顶峰的时候（比如在他与其他国家打交道的过程中）。但尽管如此，这两个概念仍然不是完全相同的：权术所指涉的内容更加广泛，因为并非所有的权力斗争就其本质而言都是政治。那些最初为了军事或政治权力斗争而发展出来的规则，能够轻易地使用于非常不同的权力斗争，比如在经济竞争中，最近将《孙子兵法》或宫本武藏的《五轮书》（Miyamoto Musashi's *Go Rin No Sho*）这样的著作用在管理者的教育上所取得的成功，就证明了这一点。权术学的一个基本特征在于，它是一个非道德的（amoral）学科，它将权力斗争中的成功视为它的唯一标准。然而，这种非道德性与以下两者是相容的：首先，可能存在着跟道德规范的偶然重合；其次，如果我们是在对某人行为的社会期待这个意义上来理解"道德"的话，那么，去适应这个意义上的"道德"，一般而言是一条审慎的规则[1]。因为违反这一"道德"通常会损害一个人的名誉，由此削弱一个人所需要的从他人那里获得的支持。

为什么政治与权术之间只存在着一种交集，而不是简单地将政治归摄到权术之下呢？理由很简单，因为政治是一种不能够被还原为权力斗争中的输赢的技艺。为了决定健康或者经济方面的政策，一个人需要医学和经济学方面的知识，而且这种知识确实能够增加他的权威以及权

---

[1] 参见 Machiavelli, *Il Principe*（《君主论》），18.4f.。

力，但是将这种知识还原为权术的知识却是荒唐的。只有在外交政策的领域，权术方面的能力才是直接相关的，因为不同的国家处在权力的博弈当中，而只有那些在国内攀登权力高峰的道路中展现出他们在权术方面的能力的人才，会在其中取得成功。但是，那些在构成正当的国家目的的某个领域缺乏特定能力，仅仅依靠权术方面的能力而在政治系统当中获得高位的人，更应该被称作"政客"（political crats）而不是政治人物（politicians）或者政治家（statesmen）。可这并不等于说，伟大的政治家就是不善于权术的：至少在一个需要通过竞争来达到最高权力的系统中，即除了世袭君主制以外的所有政治系统中，权术方面的能力都是必不可少的。但是这些能力对于政治家而言并不是充分条件。显然，伟大的政治家并不是只有关于政治的某个重要领域的知识；比如，只懂得经济政策的人，或许会成为一个好的大臣或部长，但却很难成为一个伟大的首相或者总统。为了这个职位而在各个领域进行的竞争，以及在这些领域之间进行协调的能力和关于各个领域所代表的国家的不同价值（诸如健康、经济、福利、安全和环境保护等等）的恰当排序的知识，都是不可或缺的。各种政策中有一个领域值得一提，即我所谓的"元—政策"（meta-policy）的领域：政治权力的安排和协调，比如修正宪法或者设计选举改革，就属于这个领域。无须赘言，元—政策会在政治权力的分配当中产生直接的后果，但在此也存在着像正义和有组织的效能（organizational efficiency）这样确定的普遍原则，使其无法被还原成一种权术的考虑。

当我谈及权术方面的能力时，我并非主张它们对于所有的政治系统而言都是相同的。无疑，像发现潜在同盟者的能力或者巴结讨好那些掌握权力的人这样一些确定的特征是普遍需要的——《道德与政治》一书的第五章就尝试列举了这些特征。但是，比如在一个现代民主国家中，大众传媒扮演着至关重要的角色，而在一个君主制国家中，你就需要其他一些不同于在现代民主国家中所需要的那些能力的特殊能力；而且，这些特殊的能力甚至可能在心理学上就是彼此不相容的，因此，像俾斯麦（Otto von Bismarck）这样的人物无论如何在21世纪的民主的德国都将毫无机会。柏拉图在处理政治的时候错误地忽视了追求权力的意志和权术方面的能力的必然性（尤其天真的是，他设想政治家必须被强迫参与政治，因为到了那时，有能力进行强迫的人才是真正的权力拥有者），而20世纪政治哲学的普遍倾向则是政治概念的去本质化（de-substantiation）。当卡尔·施米特（Carl Schmitt）将政治理解成区分敌我的时候,他已经击中权术的一个重要特征,但他完全错失了政治的本质。

这样一来,我用"政治"指涉那些导向在权力斗争的语境中规定和(或)实现国家目标的行动。因为目标的确定是一个理论任务,所以我的定义表明,带着哲学问题的公共关切也必须被认为是政治的;这就解释了为什么柏拉图能够相信苏格拉底是最重要的雅典政治家[1]。不论在何种意义上,政治活动并不限于国家机构;因为国家机构通常只有在市民社会为公共事务做好准备,并且国家承认其合法性之后才能够发挥作用。是什么使得一个目标成为公共的目标呢?一个必要而非充分的条件是,它关系到一个区域中的居民的大多数,有时甚至是所有人。可这并不是充分条件,因为科学的发现可能会达到一些更加广泛但仍未被认为是公共目标的结论。此外,它们被许多人视为与多数人有关,而且大多数人为了达到那些目标而进行自我组织,这是十分关键的。这种组织常常出现在国家之外。然而,对于一个国家目标而言,法律的强制作为一种终极的手段参与进来,以对抗那些不遵守这些法律的公民或者官僚机构的成员是必需的。当与法律强制的关系缺失时,我

---

[1] *Gorgias*(《高尔吉亚篇》)521d.

们就只有公共目标，而没有政治目标——想想一个庞大的足球俱乐部就知道了。为了将一个公共目标转化为国家目标的努力无疑可以被视为一项政治活动，纵使它无须从一个国家机构开始。但是它以使得公共事务成为国家机构的关切为目标。如果用马克斯·韦伯的语言来说，致力于以政治的方式来影响共同行动的那种社会活动并不是政治，而是政治导向的行动（politically oriented action）[1]。另一方面，从上面的定义来看，也并不是每一个国家行动都是政治的。因为国家的从属官僚机构只是执行那些它被命令去做的事情，而对国家目标本身没有反思，因而它并不是在从事政治活动。不过，官僚机构之所以叫这个名字，因为它肩负着表达国家目标的重任——它有时比那些部长或大臣本身还更重要（如果这些部长或大臣频繁地在各个部门之间调动，在某些领域缺乏特定的知识；而各个官僚机构的领导却能够在他们常年的服务中积累这些专业知识）。

我对政治概念的考察在一些经常被混淆的细微之处做出分辨，而道德的概念则更加难以把握。其难度与这一事实有关：尽管存在着一些不同的特征，可权术和政治都

---

[1] 参见 Max Weber, *Wirtschaft und Gesellschaft*（《经济与社会》）, Tübingen 5th ed. 1980, 30。

属于社会世界，而道德的概念却全然超越了社会世界，它属于另一种不同的秩序。当然，关于概念境况的这一描述背离了我严格区分规范性概念与描述性概念的康德主义观点。我很乐意承认我受惠于康德，但我并不把接受他的观点仅仅视为一个主观兴趣的问题：我不知道，如果一个人拒斥纯粹规范性概念对于描述性概念的独立性，那么他如何能够避免在纯然的权力面前屈服。"道德"是规范性概念的基础，当谈及某个特定的行为、某个意志的特定行动、某种特定的情感时，我说的是那样一种品质和能力，在其中，它如其应当存在那般存在（that is as it ought to be）。那个关于人的意志活动、情感、行动以及种种制度机构（institutions）如何是其所应是的学科，就被称为"实践哲学"或者"伦理学"（与道德相关，就如同生物学与生命相关）。它最重要的分支是个体伦理学和政治哲学。

为什么政治哲学被分为这两个主要部分呢？道德规范规定行为（prescribe behavior），而非描述事实（describe facts），它们并不能保证符合规范的行为普遍地发生。那么，一个道德的人如何对不道德的行为做出反应呢？存在着许多可能的反应，而在面对破坏规范的粗暴行为时，最为严厉的可能制裁是在肉体上的强制措施（physical coercion）。允许甚至是有义务通过诉诸强制来执行的规范，必须与那些不允许诉诸强制的规范区别开来——我将在第四讲中回到这个区分。这些规范被称为自然法的规范（norms of natural law），而法哲学是一门规范性的学科，它所关心的是这样一种规范，当它们被违反时，在道义的基础上，就会引申出强制性的措施。政治哲学在法哲学之中有其基础，并且是对法哲学的补充和完成，因为法的概念和国家的概念是相互蕴含的：国家是法的强制执行者，而如果存在着一个合适的机构来执行它（这个机构就是国家），那么，法就真正的成为法，而不仅仅是一种道德规范。虽然作为个体出于其自身而行动的语境，制度机构在个体伦理学中只扮演着边缘性的角色，而政治哲学中的相关行动则是集体行动，因此，关于制度机构的规范性理论是政治哲学的中心部分。由于个体必须在这些制度机构当中行动，所以人们可以将关于那些创造和维持这些机构的行动的规范性学说，从关于制度机构的规范性理论（即政治哲学）那里区分出来，并称之为"政治伦理学"（举例来说，马基雅维利的《论李维》属于政治哲学，而他的《君主论》则属于政治伦理学）。因为如果有正义的国家提供保护，那么甚至个体的道德行动也能够发展出更加丰富和广阔的内涵，而一种没有对国家表现出兴趣的伦理学则是根本不完整的。在要求一个人成为一个好丈夫和好父亲的同时，这个国家却在犯下累累罪行，这在道德上是不充分的，无论相反的意见（一个好的国家不需要完整的家庭）是多么的错误。人们还应当拒斥这样一种观念，即政治哲学无非是一种应用伦理学的领域。当然，确实存在着这些领域（比如银行业的伦理学、大学提升的伦理学等等），但哲学的任务是试图去理解为什么道德的理念必须在这些特定的分支中将自身表达出来，而不是将它运用到这些偶然存在的领域中去。并且出于我刚刚提到的理由，国家就不仅仅是一个领域而已，它是人性展现的过程中一个必不可少的步骤。我将会在下一讲中回到这个论题。

完全区别于道德概念的是那些与人们关于什么应当存在的实际观念相关的心理学和社会学的概念。因为这些概念不是规范性的，而是描述性的，而且使用这些概念的断言能够通过经验的方式来证实或者证伪。然而，规范性的问题不是一个经验性的问题：通过指出杀戮的数量之高并不能够对杀戮的不道德性构成驳斥。法律的概念也是那种能够通过指明法的来源而经验地证成的概念。但是，法律在伦理学与社会学之间占有一种中介性的地位：因为就算一条法律规范被触犯，至少只要这种触犯只是偶然发生并且没有取得胜利因而废弃这条陈旧的法律规范，那么它就始终是有效的。规范的有效性仍然能够通过发现它是否是以一种合法的方式存在来经验地证实。不幸的是，人类的语言因为忽视了我刚才指出的那些根本性的区别而陷入同形而异义的混淆之中。"价值"概念是一个经典的例子。这个词涉及根据一种理性的实践哲学应当规定个体或者集体的人类行为的东西——这就是在马克斯·舍勒的意义上所说的价值伦理学。或者这个词也可以指实际上指导着一个人或者一种文化的行为的那些观念，这些观念是由个体或者社会承认的——舍勒就是在这个意义上来谈论他的社会学当中的那些价值。后一种意义上的价值可能与前一种意义上的价值有着巨大的矛盾：盖世太保的价值能够激励它的成员们的行动，但它们显然不是道德的价值。为了避免这种有害的意义混淆，我们很有必要做出术语上的区分：我建议增加"理想的有效性"（ideally valid）、"个体的有效性"或"社会的有效性"，以便搞清楚人们所说的到底是一个伦理学的概念，还是一个心理学或者社会学的概念。当然，这个区分并不意味着个体或社会的有效性就不会同时也是理想的有效性；如果理想世界与现实世界必然相互排斥，那确实是一件可怕的事情。我所主张的只是，这种个体的或者社会的有效性不能推出理想的有效性。很显然，人们能够在不接受它们的理想的有效性的情况下，外在地描述另一种文化的社会价值；但是启蒙运动提出，人类在涉及自身的文化的时候也能够做同样的事情。甚至使一个人与其自身的个体的有效规范拉开距离也是可能的：比如，我能够承认，我自身的道德情感无非是一场不幸的社会运动的结果。我对于跨种族的婚姻极度反感，因为我的父母和老师们将它灌输给我，但却依旧能够得出这样的结论：即便这种反感是我的道德建构（moral constitution）的一部分，它仍然是完全错误的，而我应当赞赏那些不受这种反感制约的人，并且我应当鄙视那些利用我的道德机能使得我无法对自己表示尊重的人。只有一种极端的直觉主义能够将关于某人内心的道德信念的描述性陈述与规范性陈述统一起来。[1] 在欧洲思想史上，是法国道德学家最早提出将道德心理学作为一门学科与伦理学区分开来的构想。然而，他们仍然承认绝对的道德规范，在此基础上，他们才能够评估道德心理学的机制，在这些机制中，自我欺骗和间接的合理化（secondary rationalization）扮演着一种臭名昭著的角色。从另一个方面来看，最好能够将尼采看作是一个不涉及道德性的道德心理学家（a moral psychologist without morals）。伦理学与道德心理学之间的区别最终植根于有效

---

1 参见 Richard Mervyn Hare, *The Language of Morals*（《道德的语言》），Oxford 1972, 165 ff.。

性或正当性（validity）与成因（genesis）之间的区别，而这两者几乎毫无关联。即便我们发现，一定的道德信念是神经活动的结果，可这个事实自身无法使得相应的伦理命题成为无效的；因为它以为我们只有通过认识神经活动才能够达到道德真理。

在我看来，即便是黑格尔的道德和道德风尚概念也最好被理解为描述性概念。一种文化的道德风尚（mores）是它的民族气质和习性（ethos），即它的社会性的有效价值，以及基于对共同体中的所有人都分享这些价值的普遍信任而形成的集体认同感（the sense of collective identity）。通过"道德"，我理解了个人在与他的道德风尚所形成的价值和集体认同拉开距离时，常常伴随着一种道德上的优越感。因为这些价值和认同都是纯然描述性的，人们可以描述性地谈论某个食人族文化的道德风尚，以及某个恐怖组织的道德。但是，"这些道德风尚的道德规范"（the morals of these mores）涉及在既成的风尚中什么是道德上可敬的问题。虽然在道德概念与社会学的概念之间划清界限是极其重要的，但人们还是会问：为什么这两者的混淆却依然如此广泛呢？一方面，下述含义是明确的：如果不存在对社会现象中的道德规范的伦理学分析，那么，在道德的基础上一个人应当做什么的问题就失去了意义。只有假言命令（hypothetical imperative）存在着，譬如"如果你想要成功，就得去给人制造一种你遵循你自身的文化的各种道德风尚的印象，而当你的利益需要而且你能够逃脱处罚时则在背地里违反它们"。任何厌恶这种事情的人都应当去捍卫一种独立的伦理学的观念。另一方面，所有关于伦理的信念本身都是心理事实，这一点当然是真的，而当一种伦理理论被加以公开讨论时，它就不可避免地成为一个社会事实。因此，给一个伦理理论的真理主张"加上括号"（借用胡塞尔的术语）并将它和其他社会事实联系在一起，这总是可能的；这也正是伦理社会学（the sociology of ethics）要做的。虽然社会学的这一分支需要去理解某个伦理学理论的内容，但是它应该甚至也必须忽略它的真理主张（claim to truth）。不用说，这一操作可以在更高的层面加以重复：伦理社会学家自己可能会被一个元—社会学家（meta-sociologist）当作外在观察的对象，而他将会忽略伦理社会学家的真理主张。

所有这些都可以容忍，但是这并不意味着作为独立的知识体系（epistemic system）的伦理学是不存在的。这种推断是一个荒诞的谬论，就好像说因为书信是一张上面带有墨水的纸，所以它只不过是一个物体（physical object）罢了。正如意义的维度是超越物理存在的维度一样，规范性的维度也超越了单纯意义的维度。就像在特定的情境中，把信件只看作物理对象是合理的,所以在某些时候我们也可以把制度机构只当作一种社会结构来看待;但是宣称这种进路是唯一正当的则是不能允许的。为了阐明我的意思,借用胡塞尔的"意向活动"(noesis)和"意向对象"(noema)这两个术语会很有帮助——在关于先验主体的理论中胡塞尔引入了这两个概念。意向活动属于真实的世界,它是一种我借以把握特定道德状态的心灵活动,而被称作"价值"的那种作用于共同行为的社会模式亦然。但这一理论的内容是一种关乎纯粹有效性的理想世界,而伦理学正是由于这些有效性而得到规定的。从我刚才揭示的内容得出的必然推论是,这种伦理学的论证并不能影响人的行为。因为论证扮演的是一个辩护的而非作用因的角色。对伦理学论证的洞见(或者说,取决于人们支持什么样的因果性理论,对论证具有之洞见的神经活动的基础)是否能够引起行为的改变,这取决于真实世界中的具体因素,而绝不是仅仅取决于论证的有效性。一般来说,几乎没有人能够接受单单依靠伦理学论证就能够改变他们自己的行为。这些论证的修辞学中介则更加有效,因为它经常能够诉诸情感。但是,对于为了帮助理性的论证获得更多的力量而运用修辞学手段是否能够被允许这一点的考察,其自身当然是一个规范性的问题。

看待人类社会的单纯的社会学观点,就如同行动主义者对生物的看法一样。后者忽视了心灵的维度,而前者则忽视了规范性的维度。这些观点的错误在于,他们把自己用极大的精确性来考察的现实领域当作了全部。古时的人把灵魂赋予无灵魂的存在,并为道德中立的事物赋予价值;幸运的是,这种看法已经得到修正。但是古时的人至少知道,存在着属于心灵的事物,而人的精神生活(mental life)的核心则在于对那不只属于心理事实或社会事实的价值的承认。虽然他们的思想是前科学的,但他们拥有将世界作为一个整体来直观的智慧,这与很多当代的科学世界观的捍卫者迥然不同。如果丧失这种智慧是我们为科学付出的代价,那么问一问这个代价是否太大也许是合理的。幸好,我们还有哲学,它力图将科学与智慧结合起来;只有从那被社会科学充实的哲学出发,我们才能够期待获得关于政治之道德的回答。

道德与道德风尚的区分预设了,与描述性的维度并列存在着一种不能被还原为前者的规范性维度,虽然关于现实的描述性方面解释了事实上由人们秉承的所有价值和规范,而在理想上秉承的那些价值和规范不能归摄到描述性维度之下,它们属于另一个不同的秩序。当然,我的预设还没有得到证明;而且众所周知,有许多哲学家,如霍布斯和斯宾诺莎,都拒斥任何不能够最终成为描述性维度的子集的规范性领域。对我的这一区分的详尽论证属于道德形而上学，但这并非此次讲座的主题。我在这里能够指出的是规范性立场的必然性：因为当任何人对它的合法性提出质疑时，他自身就在做出一个有效性或合法性的论断（validity claim）。由于他的反驳预设了规范性理论的存在；那么，它们事实上的存在就不能被否认了。他所主张的是它们没有得到证明——而这本身就是一个规范性命题。每一个进入哲学竞技场的人都必须为他们自己的理论提出真理主张；而这个真理正是一个不可能被自然化（naturalize）的规范性范畴。真理是先验的，它是任何理论的可能性的条件，因而不能够具有跟理论的对象同等的地位。虽然一个人也许能够从因果性上解释，为什么某个人把某个事实当作是真的，但却不能对他们的信念是否具有合法性给出因果性的解释。但是，人们可以反对说，即便"真"确实是一个规范性范畴，但它也仅仅是一个理论规范性的（theoretical-normative），而不是一个实践规范性的（practical-normative）范畴，即伦理的范畴。但事实上这两种先验范畴是紧密相连的：我有求真的道德责任，而存在着这样的责任也是真的。在作为哲学之基础性活动的对有效性或正当性的第一次反思中，理论和实践的维度是相互一致的，我应当沿着一条确定的道路来思考，这是逻辑学和伦理学的共同根源。此外，真理是主体间性的

(intersubjective),我认为是真的,必须对他人而言也同样是真的。这完全不意味着是他们在事实上一致建构了真理。相反,命题之真打开了一个主体间性的维度。考虑到我的限度,我必须承诺:我必须努力成为探究真理的共同体的一员;而这只有当我接受了某种特定的道德要求之后才是可能的。特别是,每一种伦理理论都必须能够被传达而不会损害自身。但是,对于绝对的自我中心主义理论来说却并非如此。因为当每个人都知道他是一个自我中心主义者,以及每个人也都成为一个自我中心主义者时,这并不符合自我中心主义者的利益;只有当别人并非如此的时候,他才能过得比较好。正是这种将此理论传达出来而对它不造成危害的不可能性,证明了它是一个坏的伦理理论。

有一个非常有力的思想实验超越了这些抽象的先验论证,它促使我们拒斥将道德与风尚混为一谈的做法。因为如果此二者是同一的,那么在任何可能世界中它们都是同一的。现在我们可以设想这样一个世界,在这个世界中的道德风尚是纳粹的那些道德风尚。事实上这样一个世界与我们的世界并不遥远,如果希特勒能够发展出核武器,他会毫无负罪感地使用它们而且很可能会赢得战争。他会消灭那些反对他的人,某种类似全球化版本的纳粹风尚将会遍布这个星球。从社会科学的视角来看,我不认为这是一种完全不可能的剧情,但确实,伦理学缺乏挑战它的能力。然而,伦理学能够也应当去做的,是拒绝那种把道德和道德风尚混为一谈的做法:即便希特勒获得了成功,他也绝不会是正确的。更不用说,为什么极权主义国家不喜欢道德超越社会的学说,这一点从权术学的角度来讲并不难理解。因为这个学说是从总体上反对去适应不正义和反对机会主义的最强力量之一。

即便人们承认了道德的独立领域,问题又接踵而来,道德领域如何与社会世界的其他领域联系起来呢。例如在尼科拉斯·卢曼(Niklas Luhmann)的系统理论中,道德是社会的诸多子系统之一。但是,尽管人们可能会非常赞同,存在着一个试图对道德要求做出反应的社会子系统,可将它与其他子系统,例如法律、经济或政治等等对立起来,则是一种误解。因为道德立场的要点在于,将所有人类活动(甚至包括不履行法律责任的行为)都纳入它的审查之下;虽然这一考察的结果可能是,那些经过审查的行动被看作是与道德无涉的,但这其中仍然贯彻着道德判断,没有什么人类领域能够回避它。经济活动、政治决策、法律体系都可以或是道德或是非道德的,而伦理学并不试图为它们制定有悖它们自身的特质和责任的道德规范。但是,现代性的一个基本特质不就是各个社会领域的自主化

（autonomization）吗？战争不是有着一种完全与道德无涉的自身的逻辑吗？再比如，资本主义不是由于摒弃了传统的道德约束而获得了自身的成功吗？这里的答案一定是，克服那些由传统看法以事实上未被证成的道德主张强加于人的束缚，这本身的确是道德的；我这里提及的只是对获得资本利息的禁令，因为人们一旦理解了只有长期的投资才能帮助人们对抗大规模的贫困，而且如果没有利息的话，就不可能会去储蓄，那么这条禁令就显得不合理了。可是这并不意味着"生意的目的就是生意"（the business of business is business），类似的"战争的终极目标就是军事上的胜利"这样的口号就是故事的全部。因为，首先，自主的子系统服务的那个的目标本身必须被证成。战争必须为了一个正义的理由而发起，商业必须为了一个合理的目的而服务，例如生产一些具有道德相关性的商品。一个毒品贩不能用"生意的目的是生意"来为自己开脱。其次，自主化不能导致对更高价值的破坏，因为这个领域具有不可侵犯的独立性。例如，一场正义的战争不仅仅需要一个正义的原因，而且它带来的破坏与灾难必须是与它要防止的罪恶成比例的。任何不愿意对这两个标准加以探究的人，都已经面临着对道德领域的取消。

　　道德不只不是一种从外部（即从一种描述性的观点）

被把握的现象,而且把它设想为一个和其他规范性的子系统并列的规范性子系统,这也是错误的。尽管将诸如审美价值或科学价值与道德价值区分开来是正确的,但是把它们互相对立起来则是一种误导。让我来解释一下我的想法。诚然,对艺术作品做审美评价与对行为做道德评价的标准是不一样的——众所周知,明确的道德断言甚至会很大程度上损害艺术品的审美价值。但是艺术品或科学实验的产物本身就是一种行动,这也就意味着它们仍要服从于道德评价,甚至当它们追求的价值是不同于道德价值的时候也是如此。这表明,一方面,对于从事艺术活动而言必然存在着某种道德论证,一如席勒(Friedrich Schiller)在《审美教育书简》(*Über die Ästhetische Erziehung des Menschen*)中提出的道德论证那样;另一方面,所有价值之间的规范性选择关系必须是彼此联通的。这意味着必然存在一个终极的权威,它规定着各种价值之间的相互关系;这个权威只能是最普遍意义上的道德。若非如此,一个活动导向审美价值或者宗教价值在道德上是否是可证成的,这个问题就无法回答了,而诉诸非道德的价值则会摧毁道德主张作为最终仲裁者的地位。克尔恺郭尔(Kierkegaard)关于宗教阶段超越道德阶段故而免于对通常道德规范的一切依附的学说,正是上述态度之结果的一个极为可怕的例证。

道德立场的终极权威决定了道德是一个无所不包的范畴：人们无法超越规范性领域，而只可能在道德上不够充分。但是，人们经常听说的对道德主义（moralism）的抱怨难道真的没有正当性吗？并非如此。但是，只有道德自身才有资格批判这一道德主义；只有道德的自我限定（self-limitation）才值得严肃对待，而那些由外力引入的限定则不然。因为这一外在力量自身在道德判断的法庭面前出现时就会受到挑战。对道德的自我限定的承认，将导向对一种"伦理学的伦理学"（ethics of ethics）的要求。这个词听起来有些奇怪，但是这个概念的确至关重要。它的必要性来自社会与道德的协同互补（complementarity）。因为尽管伦理学处理的是观念的对象（ideal object），但它自身却是一个个体或者社会的表现，故而它自身不可避免地服从于道德评价。然而无须感到惊讶的是，在青春期和启蒙运动代表的个体发育（ontogenetic）和系统发育（phylogenetic）的巨大危机中，当规范性的独特的本体论地位被第一次把握时，当从风尚的规范性力量中产生的对自由的激越情感充溢于人的意识中时，"伦理学的伦理学"的必要性并不容易被理解。然而在传统文化中，在处于现代早期的西欧国家中，存在着对哲学的尤其是伦理的行动中蕴含的危机的广泛意识，这一意识常常导致对某些隐微的（esoteric）交流形式的采纳[1]，在以对一切事物进行普及化为目标的启蒙运动中，这种意识消失殆尽。个人和社会双方的成熟在很大程度上取决于把握了一种以伦理为基础的自我限定的伦理学——即"伦理学的伦理学"的必然性。我想顺便说一下，艺术的根基之一也在于这种自我限定的伦理学的必然性。因为当艺术是真正的艺术时，它最重要的特征之一就在于它是间接地表达。通常，它的道德影响越是持久，它提供的明确说教（moralizing）就越少。这恰好证明了那条重要的诠释学原则，绝不允许单单从在一个有艺术天赋的作者那里缺少任何道德劝诫而推论出，他在为一种关于现实的价值无涉的立场做辩护。例如，修昔底德简单地描述了雅典人对米洛斯岛人的杀戮与奴役之后，本可以在《伯罗奔尼撒战争史》第五卷末尾，把他抱怨的所有东西全都毁掉。但紧随其后的却是他对那造成雅典的衰落的西西里远征的叙述，而这一叙述达到了远为显著的效果。[2]

---

[1] 对伦理或政治学说的交流的谨慎，也许既植根于对个人迫害的恐惧，也在某种意义上出于对共同体的责任感，正如列奥·施特劳斯正确洞见到的那样（*Persecution and the Art of Writing* [《迫害与写作的艺术》], Glencoe, Ill, 1952）。

[2] 参见霍布斯在为其翻译的修昔底德著作写的导言中的精彩评论："叙述本身暗地里教导着读者，而这远比规诫可能达到的有效得多。"（Thomas Hobbes, *The English Works* [《英文著作集》], ed. W. Molesworth, London 1839-1845, 11 Vols., Vol. 8, p. XXII.）

伦理学的伦理学的第一条原则是，伦理学家本人不能违背他教授的道德禁令。第二，他必须避免通常伴随着道德说教的那种印象，即他在讲授时暗示了一种违背他教授的规范的倾向。第三，伦理学家需要避免这样的危险，即太过沉迷于他作为一个伦理学家的活动，而忘记要按照他提出的规范去行动。这一危险与现代欧洲尤其相关。因为那个从笛卡尔就开始折磨并推动现代哲学的怀疑方法论促使哲学家让自己与现行的道德风尚保持距离，从而为伦理学找到一个理性的基础。但是，这一对理性基础的寻求某种程度上过于苛求，某种程度上又在自身中得到满足，这会导致一种错误的印象，以为对伦理学的完备阐述就是其真正的道德责任。当然，不能否认的是，伦理学家的活动本身就有道德价值这一点并无自相矛盾之处。但是却不能由此推出，这是唯一的道德责任，更谈不上是具有最高价值的活动。柏拉图的苏格拉底之所以一直是真正的哲学家的典范，原因就在于他在道德德性与伦理德性（我更愿意这样称呼）之间实现了精妙的平衡：他节制、勇敢、正直，而且他还带着热情与理智来探究什么是我们的道德责任。

探究我们的道德责任的过程漫长且旷日持久。即便是那些确信伦理学是以理性为基础的人也必须承认，不是理性本身而是我们对什么是理性的理解，会随着时间而演化,因此详尽地阐释伦理学的计划是一个必不可少的理想,但却不是某种现成的东西。正因如此,伦理学家要采取的最初步骤之一便是勾勒出一个(引用笛卡尔的一个著名表述)"暂定的道德法典"(provisional ethics)[1]。至少在特定的时间内拒不承认这种暂定的道德法典,或者在人们自己连绵的实践活动之中拒绝对它进一步反思,都是不负责任的,因为这种暂定的道德法典抑制了作为我们的命运的偶然性,而且我们必须在它之中有所行动。伦理学的要求与行动的要求之间的平衡,是伦理学自身的需要;当一个承担着政治责任的政治人物遇到一个自己什么都没有做却对他讲政治家应当做什么的伦理学教授时,脸上浮现的傲慢微笑,虽然不是一直是,但也往往是有道理的。的确,行动预设了对观察和研究态度的悬置,而观察和研究只有在涉及一个人过去的行动时才有可能,因此,人们或许甚至会有些夸张地说,伦理反思的终极意义正在于它的暂时停顿,即在具体的行动之中。我也正是想以这样的思路来诠释歌德的那句名言:"行动者总是没有良知的,有良心的

---

[1] 笛卡尔在《谈谈方法》(*Discours de la méthode*)第三部分提出 "morale par provision"(*Œuvres*, ed. C. Adam and P. Tannery, 11 volumes, Paris 1964–1967, Vol. 6, p. 22.)。

从来都是旁观者。"(Der Handelnde ist immer gewissenlos, es hat niemand Gewissen als der Betrachtende.)[1] 暂定的道德法典会接受常识(common sense)、人们的文化传统、榜样及各种伦理思想的经典,总而言之,接受权威的引导。这并不是对人们的自主性的放弃,因为首先它只是暂定的,其次,它仍然是我的自主决定,因为我对偏向这种权威而非那种权威负有责任。所有这些权威都不是正确无误的——但是由于人们自己的工作的错误性甚至更高,明智的选择是在真的确定这些指导性的原则有错误时再加以质疑。但是,虽然如此,伦理学还是不应该从对标准的道德观念提出修正那里退缩;因为否则的话道德的进步就不可能发生了。不过,伦理学家绝不能忘记,即便是开明的文化(enlightened cultures)能够以积极的方式来回应道德变革,其能力也是惊人的有限。新的道德观念并不是一个简单的挑战,即便我承认它是对的,我也很难确保其他人也会承认它,而且,由普遍认可的风尚创造的相互信赖会由于这一新的道德观念而烟消云散。为了让大家能够听得进去,这些创新的伦理学家必须将他的观念与现实的风尚联系在

---

[1] *Sämtliche Werke nach Epochen seines Schaffens*(《歌德全集》). Münchner Ausgabe, Vol. 17, München 1991, 758.

一起，对其中有价值的部分表示尊重，进而指出他那个时代的道德信念中存在的矛盾之处，促使人们的思考超越这些现成的道德信念。

伦理学反思的道德风险不能被简化为，伦理学或许会阻碍人们的行动并且使人变得缺乏行动力这种可能的消极结果。当伦理学反思直接取代了具有积极价值的道德情感时，它甚至就其内在本质而言通常具有一种消极的价值。对自己的文化的认同、将我们与其他公民联系起来的基本信任、与他人相互沟通的天然能力，都会在很大程度上遭受伦理学反思的折磨。从黑格尔到尼采对道德和过多的伦理学反思所做的批评，对我们在高度反思性文化中发现的美妙自发性（graceful spontaneity）的缺失提出了尖锐的批判。尽管如此，我们还是必须承认，那些真正伟大的伦理学家，甚至包括康德，都不缺乏那作为伟大人格的标志的自发性。只是在开始伦理学反思时，我们才与行动相疏离了。在伟大的哲学家那里，反思已经成为第二天性，他的自发性恰恰在他思想的活力中得到了揭示。每一个理性的伦理学家都承认，即便在他的惯常行为之外还存在着一个道德上的优选项，他也仍有两个理由不去改变自己的行为。首先，如果那一选择只能带来很少的道德进步，很可能它会不敌这种变化包括的自发性的丧失；其次，如果追求那一选择，即便是就其本身而言是值得的，也可能会使行动者所剩的动力不足以去追求其他更有价值的目标。每个个体拥有的道德动力，尤其是利他的道德动力都是有限的；因此发现人们的潜能是什么，尝试充实它、使其发挥最大的"效益"，就至关重要了。我在这里使用了经济学的范畴而非伦理学的范畴，也许会让人感到吃惊。但这其实是适当的，因为当我们在处理稀缺资源时，经济学就变得息息相关，而可惜的是，道德动力也是稀缺资源。道德上低估了自己意味着未能尽全力去做自己能做之事，而高估自己通常会导致各种自我欺骗与未被觉察的伪善。

但是我还没有提到对发展伦理学的这一计划的主要反对意见，即对所谓"道德主义"（moralism）的忧虑。每一个在自己的行为中严肃关切道德问题的人，都会直面以下问题：面对那些没有分享他的道德关切的人时，应该怎么做。毫无疑问，对这个问题的回答暗藏危险——危险既存在于个人的也存在于政治的本性中。我从第一个危险说起。道德主义者有时会为周围人的缺点感到高兴，因为这种对比更加清晰地呈现出他的道德优越性，而且践踏他人的自尊是一种提高一个人的自尊的有力手段。当一个人妄图超越道德的边界时，对这种意义上的优越性的需求就会尤其巨大。那么，不需要太多心理学的敏锐洞见，人们就可以认识到，谴责他人其实是一种掩盖自我谴责的方式，它起到了将自身从诱惑中拉回来的作用。一般而言，这并不是在为一个由于他人离经叛道的行为而备受折磨并充满不安定之感的人申辩其道德的优点。一个有德之人认为自己有责任去传播他的道德理想，而不只是将其看作一个私人问题，这是正确的。但是，同样众所周知的是，借由过一种典范性的生活来传道通常远比道德攻击更有说服力。耶稣以他那个时代的法利赛人的行为为例，来拒斥这种类型的道德主义[1]，而非基督徒也会承认，耶稣对这种道德主义的拒斥是一项重要的道德成就——尽管毫无疑问基督教教义真的提出了新形式的道德法利赛主义，而这似乎深深地植根于人类的天性（human make-up）之中。

当然，上述的这一点完全不是反对道德的绝对性的论证，而只是说，攻击性的道德主义并不是道德的，即便它认为自己是。对错误的道德信念的批判需要诉诸道德标准，因而它并没有将道德领域抛诸脑后。认为人们应当废除道德规范的观念是自相矛盾的，因为除了基于那个它同时想将其取消的道德规范之外，这个判断还能建立在什么样的基础之上呢？人们只需说道德本身要求在实行惩戒时要谨

---

[1] 参见 Luke 18.9–14。

而慎之，这便已经是意味深长的论证——尤其是在法律惩戒中（在第四讲中我们还会回到这个问题上），以及同样在如收回尊重（withdrawal of respect）这样的特殊道德惩戒中。我想到的一个特别具有指导意义的例子是，要对一个在非常艰难的处境中，例如在纳粹德国那样的极权主义国家中，做了些不道德的事情的人做出道德惩戒，而且这个判断是由一个没有经历过那种处境，因而享有适合被称作"道德幸运"[1]的人做出的。虽然认为极权主义国家中的很多人都做过不应当做的事情的道德判断，在客观上是正确的，但这并不意味着每个人因为他从来都不曾是极权主义国家中的公民，所以没有因为这种侵犯而使自己感到愧疚，就有权将这一判断与罪责联系起来。从原则上说 a 应该去做 F，不意味着所有人都有权对 a 这么说；甚至不意味着除 a 之外的任何人能够这样说他，而自己不被要求也去这样做。就像青年黑格尔曾经精彩地写道的："每个人都可以回答这种人（即道德批评家）说：德性有权如此要求我，而你则不然"[2]。

---

[1] 参见 Bernard Williams, "Moral Luck," *Moral Luck*（《道德幸运》），Cambridge 1981, 20–39 and Thomas Nagel, "Moral Luck," *Mortal Questions*（《道德问题》），Cambridge 1979, 24–38。

[2] 参见 Hegel, *Werke in zwanzig Bänden*（《黑格尔二十卷本著作集》），Frankfurt 1969–1971, Vol. 1, p. 438。

自主性（autonomy）是道德的关键原则，它要求每个人由他自己，和他冒犯的受害者一起，或与出于信任而自己找到的人一起，解决小的道德不端问题。在一些特殊的例子中直接的批判成为必要；但即便在这里，参与其中的人应当能够胜任这一行为，或者是像老师这样有官方认可的能力的人，或者是像兄弟这样与犯规者有特殊关系的人，或者是有特殊道德权威的人。而且这里甚至需要一点机智（tact），这种自我克制本身能够让他人通过自身获得道德洞见。伽达默尔极到位地说出了这种机智的本质："人们可以机智地说某事；但这总是意味着人们机智地省略了某些东西不去说它，而说出那些只能省略的东西就是不机智的。但是省略它们并不是说要把目光从它们那里移开，而是与其以深深地看透的方式来关注它，不如将目光滑过它。因此，机智帮助人们保持距离。它避免了对人们的私密领域的冒犯、打扰与妨碍。"[1] 这些都完全符合以下事实，友情的质量很准确地表现在，在多大可能上讨论彼此的弱点；但批评是发生在一个合理辨明的框架之内这一点极为要紧。如若不然，犯规者的自尊感可能会被严重损伤，而缺乏自

---

1 *Wahrheit und Methode*（《真理与方法》），Tübingen 4th ed. 1975, 13.（我采用了 J. Weinsheimer and D.G. Marshall 的译文。）

尊感便不可想象任何道德的进步。最后，道德惩戒如果不承认懊悔的可能性，或者不认同宽恕这个概念，那毫无疑问它是有根本错误和不完善之处的。事实上，那些大多具有道德运气来对触犯道德者做道德评判之人的自以为是，让人如此不安的地方在于，不仅是没有任何证据表明他们在面临同样的处境时能够做得更好，而且更是因为他们通常无法理解罪行会以一种对那些从未被诱惑的人而言不可知的方式使人成熟。

在政治活动中，道德主义的政治危险是什么？在国内，关于价值的政治斗争中敌对双方的不可调和与相互诋毁，对一个国家而言十分危险，尤其是在一个政党赢得胜利之后，因为这会造成政党之间的彼此轻蔑，故而不可能进行合作。在政治成熟的进程中，最重要的教训之一便是：在某项具体的政治计划中，人们可以在基本价值信条不同的人那里找到同盟者，而另一些有着基本道德价值共识的人则可能成为政治上的对手。为什么会这样呢？因为关乎一个具体行动的决定是许多不同因素共同作用的结果，包括价值、关于手段—目的关系的设想，以及对某种结果之可能性的评估，这些都很可能导致那些有着迥异的价值性与描述性前提的人们碰巧得出相似的结论，即便他们各种复杂推论的前提事实上是彼此不和的。这里我所说的是支持同样结果的不同的理由（reasons）；但是当然也存在着支持同样理由的不同的原因（causes）。推动美国废除奴隶制的，是认为这个制度是可耻的并且是完全不正义的那些人；但是他们却和那些道德情感不那么完善但却想要从那些被解放的奴隶那里为他们的工业获取廉价劳动力的人结成同盟。对于最初进行政治冒险的人来说，一个最令人失望的错觉便是，过高估计政治同盟的道德状态，以及随之而来的妖魔化敌手，后者通常用来使人们更加信服自己的政治决策。我们必须既从道德也从政治的立场力斥不能区分道德对手和政治对手的政治道德主义。首先，人们无权对那些道德价值不比自己糟糕或是理论设定没有明显谬误的人加以中伤。其次，这种中伤使得他与眼前的敌人的合作变得越发困难，而这个暂时的敌人本有可能明天就会变成盟友。我刚刚在内政方面所说的状况，在国际舞台中更是如此。因为文化的差异解释了，为什么一些人参与的活动会被另一种文化谴责为不道德，而后者或是出于良知，因为他们对另一种价值体系并不了解，甚或是出于理性上的有效论证，因为，比如，富裕的国家能够负担的那些规范在非常贫困的条件下是毫无意义的。正是在这个意义上，我在第四和第五讲中将会指出，作为自然法的理性系统的西方，在一个政治哲学家面前展示出了什么，但不应带着自以为是的感觉,或者自诩这些都能够直接运用于中国。

最后,我要讲讲让很多人对建立一种关于政治的道德理论的尝试表示怀疑的最后一个问题。在马基雅维利的后学的讨论中,政治只能在弄脏双手(借用萨特著名戏剧《肮脏的手》[*Les Mains sales*]的术语)的行为和对某些道德原则的违背中推进;如果不这么做它就寸步难行。即便人们部分同意这一点,仍然有三种处理这一现象的不同方式[1]:人们可以把道德与政治完全分离;可以宣称道德规范是自相矛盾的;也可以区分高级和低级的道德原则。很明显前两种选项都索然无味。道德和政治的分离就像克尔恺郭尔切断宗教和道德的关系一样——任何关于政治的道德批判都不再可能了;人们只能完全为政治所摆布。第二个选项更令人恐惧:因为依据经典逻辑,人们不能从自相矛盾的事情中得出任何推论。因而,我们不仅不能批判政治大屠杀,而且我们甚至可能会得出必须进行批判的结论。因此如果我们严肃地思考这一问题,那么就只剩下第三个选项

---

[1] 参见 Cecil Anthony John Coady, "Dirty Hands," *A Companion to Contemporary Political Philosophy*(《当代政治哲学指南》), ed. R. Goodin and P. Pettit, Oxford/Cambridge, Mass. 1993, 422–430。

了，我们将以下述方式对这个观念进行重构。人们会说，个人伦理的许多日常规范，只有在国家权力强制执行的法律体系这个框架内存在才是有效的。举例来说，在这样的体系中，我们没有任何理由持有武器——因为我们相信如果有人试图袭击我们，警察会帮助我们。但是在自然状态下，情况则完全不同，这不仅是一种想象，因为在内战或者无政府状态中这就会变成现实。（顺便说一下，后一个术语常常被误解，因为无政府状态并不是像这个术语本身表现的那样是权力的缺失；因为社会世界的本性憎恶权力的真空，更甚于亚里士多德的自然哲学所说的自然对真空的憎恶。无政府状态是赤裸裸的暴力的规则。）因为不存在控制潜在的致命风险的普遍义务，而且屈服于暴力和欺骗不仅不是道德，相反是必须被禁止的，因此人们必须承认，在接近自然状态的情况下要采取不同于国家状态中的原则：惧怕和对他人的不信任是合理的。故而，由于国家秩序的存在是使许多就其自身而言可欲的个人道德权利和义务得以有效的前提条件，国家基础的稳固就是一个具有道德优先性的目标；而且由于这一目标的巨大道德相关性，实现它的斗争需要证明其运用的手段的合法性，绝不允许为了达到目标而降低对手段的道德要求。很显然，不能够用其有效性是以国家的存在为前提的那些规范，来评价为国家奠定基础的行为。许多传统文化中的国家建立者都很喜欢的，甚至连弗兰西斯·培根都认可的[1]那个虚构的等级，也要与以下这一理解相关：他们对暴力的广泛运用是为一个世界做准备的唯一途径，在这个世界中，得益于他们的行为，暴力才不会经常出现。因此，上述对所有公民都有效的特定道德义务，不能强加给国家的创建者，或者那些将国家从外国人或暴君的统治下解救出来的人。但这并不是说这些人不受任何道德义务的约束。一个合理的立场只能是，如果对某些义务的服从会让他们无法维护公益（public good）时，处于特定情境中的政治家可以不服从那些个人伦理的特定义务，因为公益高于这些义务包含的善。政治高踞于普通公民的伦理准则之上，但是不能脱离伦理本身。这个论证绝不局限于政治领域，在私人领域亦然，如果在保卫像人的生命这样更高的善时，有必要的话，人们可以触犯一些诸如不能说谎这样的表面自明的义务（prima-facie-duties）。人们会谈到这样一种悲剧性的冲突，即某种行为对于避免更大的恶来说极为必要，但它自身却包含着对相关的善的牺牲。参与战争的决定正是这样一种决定：在一些特定的情况下，通常是受到攻击时，战

---

1 *Essays or Counsels*, *Civil and Moral*（《论说文集》）, LV: Of Honour and Reputation.

争是正义的，因为拒绝保卫自己的国家，将是一个政治家背叛他对公民肩负的责任，但正义的战争仍然包含着对许多相关的善好的违背。虽然人们不能说，一个两害相权中取其轻者的人是有罪的（因为有罪意味着存在一个道德上更优越的选项），但人们却应该要求做出相关决定的人感到痛苦与不安。因为如果他不是如此的话，他就会暴露于两种诱惑之中：一是抱着良知去做不具有正当性的事情[1]，二是他不能尽其所能地去避免必须在两种恶中间选择其一的情况。执迷于权力的人甚至可能会因为他被允许做那些他人禁止去做的事这个事实，而获得特殊的享受；而这种享受在道德上是可耻的，尽管相应的行为可能是正当的。再没有什么能够比林肯在反对南方十一州脱离联邦时那种伴随着果敢的悲凉更能体现他在道德上的伟大了。导致其死亡的行为造就了他在美国人心灵中神话般的声望，这一事实伴随着他的死亡一起清楚地向人们表明，林肯自己承担了他施加给他人的危险。理性的政治伦理学既反对那些想将政治从伦理学中抽离出来的理论家（这个计划从根本上

---

[1] 参见 Bernard Williams, "Politics and Moral Character," *Moral Luck*, op.cit., 54–70 页，特别是 62 页："关键是……只有那些不情愿在真正需要做那些道德上令人不快的事情的人，才最可能会在不需要那么做时不去做那些事。"

是虚无主义的),也反对那些对政治家、即那些对比他们处于更艰难得多的处境中的人进行轻蔑评判的人——政治人物他们所做的事情在道德上是正当的,即便在背离了一般人被允许去做的事情时也是如此。

然而,尽管他的一些行为对于建立稳定的国家状态的确是必需的,但是很明显,那个国家的英雄般的奠基者是被一些很可疑的动机驱动,而且经常会超出必要的界限使用一些不必要的暴力,难道不是有很多这样的例子吗?恐怕这个问题会得到肯定的回答。这虽然会减少我们对他的人格的个人崇拜,但是我们仍要感谢历史将这样一个人作为工具来达到一个更好的状态。我们更能够赞同霍布斯的这一思想,内战是一件极为可怕的事情,因此我们必须将法律体系的稳定和国家的稳定提升为一种崇高的善——事实上,这种善超越了我们的自利(self-interest),而霍布斯却想将这种善还原为一种自利。只有在极端情况下,主动抵抗的权利才是能够被接受的。的确,这并不意味着人们不应该问自己,在他的国家中的哪些法律站在道德的基础上看是不好的,或者不应该在法律提供给他做这些事的框架内改变这些法律。但是即便在合法批评的情况下,人们也应当避免对他的时代的道德风尚做过大的挑战;道德的绝对化从长远来看,会使得共同的行动变得愈加困难,而且由于不能与一种文化中的道德风尚产生共鸣,任何法律改革都注定会失败;如果人们赞同黑格尔,也会认为道德风尚中的道德(the morals of mores)构成了对这种道德绝对化的预防。

(罗久 译)

国家的道德维度和社会学维度
韩潮教授对第二讲的回应

赫斯勒教授的演讲非常精彩，无论在深度、广度还是在细节方面都表述得极为清晰、充分。

他的演讲的主题是"国家的本质及其在历史中的发展"，他所讲述的"国家的本质"，不是指国家的规范层面的本质，而是指国家的描述性的本质。因此，在我看来，这一讲的主题应当属于"政治社会学"的范畴。

赫斯勒教授援引的知识背景包括马克斯·韦伯（Max Weber）、恩斯特·盖尔纳（Ernest Gellner）、迈克尔·曼（Michael Mann），当然毫无疑问对他来说最为重要的是黑格尔。在某种意义上，所有这些思想家都可以看作政治社会学家或者说是政治社会学的先驱。这其中更为重要的显然是德意志的思想背景。

在他那里，黑格尔的思想转化为某种政治社会学或者说"反思的历史社会学"（reflexive historical sociology）。赫斯勒教授追随黑格尔，表达了对"社会契约理论"的批判性立场。在他的演讲中,在国家起源问题上,最为关键的起到不可取代作用的不是"契约",而是"道德风尚"(mores)或伦理。尽管他没有直接说出这个词的来源,但毫无疑问,这是一个黑格尔的术语。在德语中,这个词就是黑格尔那里的 Sitte。对黑格尔来说,法律必须以习俗为前提,必须与习俗相适应。所以,在赫斯勒教授的演讲里,我们也可以看到这样的表达,"法律系统其实是社会道德风尚的真子集(proper subset)"。

赫斯勒教授演讲的最后一部分,即对西方政治的历史发展的描述,也可以看作对黑格尔历史哲学的重构。尽管赫斯勒教授使用了一些 19 世纪社会学产生之后的术语,比如工业化、民族主义,以及迈克尔·曼所谓"基础性权力"(infrastructural power),看上去似乎超出了黑格尔本人的视野,但赫斯勒教授的社会学描述依然带有黑格尔式的道德意味。

比如,他在演讲稿里指出,"工业化以人类历史上前所未有的方式摧毁了一切宗教、等级以及地区性的差异"。同时,"它的平等主义也促进了国家的民主化"。因此,我们甚至可以说,所谓的"工业化"或者说所谓的"基础性权力",对赫斯勒教授来说,其实可以看作"自由"理念实现自身的物质载体或社会学载体。

那么,赫斯勒教授"国家的描述性的本质"究竟是什么?概而言之,国家产生的一般性前提是道德风尚,而现代国家的一般性前提,则是"基础性权力"。"道德风尚"和"基础性权力"是这个演讲的关键词。

不过,在我看来,赫斯勒教授的演讲里实际上有两个维度,一个是关于国家的道德维度,一个是关于国家的社会学维度,关于二者之间的关系,也许还存在着一些不那么清楚的地方。

尽管我们可以承认,正如赫斯勒教授所言,从道德和社会学视角看待政治现象是互补性的。但从方法论上看,这是两个视角而不是一个视角。现代政治思想在马基雅维利那里的起点,就是对这两个视角的区分。克罗齐说,马基雅维利发现了政治本身的自主性。什么是政治本身的自主性?这难道不是说,正是马基雅维利发现了一种新的方法,自此以后,政治科学或者说政治社会学才成了一个独立的学科?也许我们可以这样表述,"政治科学"是一个以政治本身为出发点,并且以政治本身为目标的学科。赫斯勒教授援引的政治社会学,恰恰是这种政治科学本身自主性逻辑发展的一个产物。

因此,无论在本体论层面,道德视角和社会学视角是不是一回事,甚至即便它们在本体论层面是互补的,在方法论层面，它们还是不一样的。比如，今天的学生如果要去研究政治，他不得不做出一个选择：究竟采取规范的方法还是采取描述的方式，究竟采取道德的视角还是采取社会学的视角。这个区分在现代学科体制下实际上已经存在。这其实是一个真正难以克服的问题。尽管赫斯勒教授没有接受马基雅维利的结论，但这个演讲所采取的道德维度和社会学维度的区分，本身就是一个现代的来源于马基雅维利的区分。

对赫斯勒教授而言，道德视角和社会学视角的区分是不言而喻的，不过，这很难说是一个在黑格尔本人那里被突出强调的区分。或许，这恰恰是黑格尔要力图去克服的东西。

这些就是我的评论。谢谢。

第三讲 国家的本质及其在历史中的发展

前一讲我论证了从道德和社会学视角看待社会现象是互补性的。由于第四讲和第五讲我将着重讨论国家的道德维度，因此，在最终讨论对国家的道德评价之前，有必要首先对国家的描述性本质加以讨论。

我将解释国家是怎样整合了各种支配类型，国家又是怎样和其他社会制度发生关联，在这个过程中，何者居于最为重要的位置。描述性立场当然不仅与政治理念相关，而且也和政治体制相关；因为，尽管理念的内容从属的是一个理念化（理想化）的世界，但作为心智实体的理念和作为社会实体的言语行动却从属于一个与其他事物发生因果关联的社会世界。

从孔德和马克思开始的知识社会学毫无疑问是一门合法的学科。因此，将政治观念视作权力斗争的武器毫无疑问也是可行的——洛克的《政府论》无疑对光荣革命的论证起到了极为重要的作用。对政治哲学经典根据语境进行处理,将这些经典解释为在他们所属时代的政治斗争中发挥确定作用的言语行为,就像政治思想史研究中的剑桥学派[1]所做的那样,不仅毫无疑问是正确的,而且为了理解文本的确实含义,也毫无疑问是必要的。

不过,有两点需要再做说明。首先,尽管几乎所有的政治理论的经典文本都发端于它们所处时代的政治论争,但多数经典文本提出的是更具普遍性的理论,即关于国家和人的本性,或者说对于人和国家而言何为正当的理论。如果我们仅仅将这些普遍性的主张限定在它们的历史语境里,我们就没有像它们希望的那样严肃对待它们的主张。其次,对政治理论的产生原因的分析,政治权力斗争往往发挥了很大的作用,但是这却并不能说明一个明显更为重要的问题,即支持政治理论的论证本身在何种程度上是有效的。当然,只要我们没有放弃对于真理问题的关注,那么政治理论的"意识形态"原因也是值得考察的。

意识形态批判总是为权力的本性所吸引,而权力是社会科学中最为重要的概念之一,其位置相当于"力"在物理学中的地位。马克斯·韦伯将权力定义为,"处于一定社

---

[1] 一般认为,拉斯莱特(Peter Laslett)和斯金纳(Quentin Skinner)是剑桥学派的两位代表人物。

会关系中的行为者具有的、即便在遭遇阻碍的情况下仍能贯彻其自身意愿的能力——无论这种能力依赖于什么"[1]。韦伯的定义是一个相当著名的定义，尽管还存在一些问题，但我不准备在这里对其加以修正。为了理解国家的本性，仅仅谈论权力是不够的；我们还需要支配的概念，韦伯对支配的定义是，"某个特定群体的人会服从某些特定命令的可能性"[2]。韦伯的权力概念过于宽泛，贯彻意愿的方式各有不同，且依赖于各种不同的结构，比如负面裁可[3]（negative sanctions）、威胁、正面裁可（positive sanctions）、承诺、控制、权威、劝说与说服。与宽泛的权力概念不同，支配概念的两个特征却特别明确：其一，个体之间需要有稳定的权力关系；其二，"权力承受者"（power-subject）需承认"权力拥有者"（power-holder）的意志，而这种承认的方式体现于对命令的服从之中。这两个因素并不一致但紧密相关。如果一个人不止一次作为"权力拥有者"出场，这个"权力拥有者"的意志就更容易被视为正当的；反之，如果

---

[1] Max Weber, *Wirtschaft und Gesellschaft*（《经济与社会》），op.cit., 28. 我采用的是 A.R. Henderson and T. Parsons 的译法，译文有所修正。

[2] 同上。

[3] Sanction 是较为常见的社会学用语，既有批准、认可之意，也有制裁、处罚之意，故中国台湾和日本采取的译名是裁可。本文的翻译采取这一译名，用负面裁可表"制裁"，用正面裁可表"同意"。——译者注

"权力承受者"不承认"权力拥有者",那么权力关系的稳定就不可能实现。试举一例:抢劫犯用刀对着某人的喉咙,成功让此人交出钱款,但此人必定希望永远不要再出现这种情况,因此不能将这种关系称为"支配行为的实施"。只有当这个抢劫犯奴役了受害者,让受害者为他工作,甚至当受害者有机会逃脱却没有逃走(无论基于什么样的原因),这时才谈得上支配。

权力如何转化为支配?也就是说,如何建立一种长期的、得到承认的权力关系?我们区分了四种可能导向支配且最终导向国家的社会关系:首先是家庭中的集体认同;其次,弱者对于强者权力的顺应;再次,出于个人利益的契约关系;最后,认同领袖权威的魅力。这个区分基于韦伯所谓的"理想型"概念,因为几乎每一种支配的形式都或多或少吸纳了其他支配类型的一些成分,但对于父权制家庭对子女的支配、主人对奴隶的支配、群体中采取轮换方式的主权权威,以及由强大人格魅力的权威而引发的支配——这四种支配形式,其实并不难分辨出它们之间最为重要的定性区别。负面裁可构成了主奴关系的基础,正面裁可构成了个体联合的基础,此外,观念和人格也造就了权威。集体认同超越了所有这些权力形式,因为权力的经验奠基于对立意志之间的冲突。但共同意义和共同目标的经验先于每个人特殊的世界经验。国家明显是一种情感联合与权力斗争、向心力与离心力综合的产物。大多数现代国家理论家试图将国家的基础奠定在自律个体之间（或者仅仅在理性自我之间）的契约关系或斗争关系，但他们都忽视了社会的另一个基础，即家庭。国家必须从部落中解脱出来。国家这种制度如果能存在下去，就必须能够像家庭那样抚育无助无援的个体；生活在国家中的人有一种互相归属的情感，它先于分离的个体，以至于在战争中，人们甚至愿意为国家牺牲他们自己的生命。甚至，即便是现代的个人主义者也不得不承认，他对自身的理解，只能借助那些对他来说既定的概念，以及那些并非由他自己创造的语言。

本次讲座我没有太多时间更为细致地分析四种形式的支配在何种程度上形成了政治性的支配关系，这里我只想简略谈谈，借助契约的方式虽然是其中最具吸引力的一种，但也是最没有可能性的一种，尽管现代契约论理论对其青眼有加。休谟在《论原初契约》一文中指出，契约论学说是站不住脚的。为什么站不住脚？国家的概念难道不就是一种商业的合作关系，人们加入其中难道不就是为了追求一个共同的目标？人们会倾向于认为，为了让商业正常运作，只有采取或多或少持续的策略而不是每一次决策都在成员之间寻求重新妥协,因此需要赋予一个持续的领导者权力,对偏离正轨的行为施加负面裁可(制裁),因而,某种形式的支配就被决定了。当然,人们更愿意接受领袖地位定期更替的支配类型。通过支配者和被支配者之间的轮替,或者至少通过选举定期确认支配关系,他们建立了一种打破此类支配的平衡。对这种支配类型的服从既不是爱也不是恨,而是计算,一旦合作不再符合个人的利益,这种支配类型就行将终止了。从商业合作关系过渡到国家,大体遵循的是这样的模式:契约的确是基于个人利益的,但仅仅当契约被遵守,它才是有用的——因此人创造的、保障契约得到尊重的政治制度其实是一种元契约(meta-contract)。于是,问题又来了:为什么契约论模型是不可行的?

事实上,契约论观念是相当可疑的,它对于古代世界来说是陌生的(部分智者和伊壁鸠鲁学派可能是例外),在现代世界才成为主流。在美洲殖民的早期,一些清教徒被《旧约》的上帝与人之间的立约(covenant)感召,在建立他们的共同体时形成了社会契约。不过,这是很晚才发生的例外。对祖先的忠诚以及被外族人征服,是正常的原始支配形式,甚至克里斯玛(Charisma)式的先知(比如穆罕默德)的统治,也比契约的方式要更为常见。只有当契约双方都遇到巨大的困境,现存的群体融合为一个新群体时，政治共同体才可能通过契约建立。尽管这只是契约理论的历史起源的一面，并没有影响到其规范性论证的一面，但即便撇开起源问题不论，契约理论仍旧是很难成立的。因为，将国家与商业企业相类比是极具误导性的。建立在契约之上的经济联合体之所以能够成立，是因为它们在国家之内才发挥作用，一旦有人破坏契约，国家就会运用权力加以制裁。如果有人将框架之中的东西与框架本身相类比，那么这个类比就一定是无效的——谁能保障构成公法的契约不会被破坏？尽管近代的政治智慧建立了分权的机制，但这是以执行公务者的复杂心态为前提的，因此依旧很难解释最初的国家形成问题，"谁来监督监督者？"这个老问题依然存在。实际上，建立共同体的清教徒至少有一个共同信念，他们认为，谁破坏了契约，谁就会在另一个世界受到惩罚；英格兰的移民必须面临的风险仅仅在于，如何能保证这个信念的真诚性而已。

仅仅指出，用可以忍受的支配类型取代一切人对一切人的战争对每个人都是有利的，仍旧无济于事。因为，对于自然状态来说，任何一种合法的支配都更为可取，只要不是任意运用自己的权力，人很容易得出这个结论。每个人都会发现，自己处于某种囚徒困境之中。自然状态显然不是帕累托最优的，不过，像霍布斯认为的那样，仅仅看到自然状态的不便就可以超越这个困境,是完完全全错了。囚徒困境的两难处境在于,双方基于理性自利的考虑而做出的选择,往往让他们达不到帕累托最优。如果对方不遵守约定,那么继续遵守约定就是愚蠢的,如果他继续遵守约定,那么对方就能利用掌握权力的机会破坏契约获取利益。总之,要解决这个困境,首先,必须有某个人不考虑自己的利益,完全遵守契约——不管它是否与自己的利益相关;其次,必须信任签订契约的另一方;再次,必须假定对方也信任你。第一个条件必须以第二个条件和第三个条件为补充,因为一个道德的人之所以阻止其他人打破平衡,并不是基于自私的理由,而是基于他的正义感。在那种情况下,单纯使用暴力是没有用的,即便是"以牙还牙"(tit for tat)的策略也过于危险,因为一个人很可能没有机会反击。

如果人类确实是霍布斯设想的那种原子化的、追求个人利益最大化的个人,那么国家是不可能建立的——人们必定会相互摧毁和奴役。这并不是因为,人们认识到了超越个人利益之上的原则:克里斯玛式的领袖和先知常常指出,在家庭内部,要认同亲人的福祉;在家庭之外,要承认正义的原则。其中的一个规范就是,契约应当得到尊重,这个规范并不能还原到个人利益。但就像我刚刚指出的那样,仅仅自己在道德层面承认规范的有效性是不够的，还必须有相互间的信任，还要假定其他人也承认规范的有效性。因此，对于国家的发生学理论而言，最为关键的一个范畴是道德风尚（mores）。道德风尚的社会作用是建立遵守规范的信任，没有这种信任，契约是不可能达成的。这尤其体现在公法领域的契约问题上，公法契约是保证其他契约被破坏时能够加以制裁的契约。国家需要道德风尚的支持，不管长期来看法律是否可以影响到道德风尚，国家必定是不可能无中生有（ex nihilo）创造出道德风尚来的。（希望依靠霸权在快速征服一个国家之后，就能在这个国家树立起一种道德风尚，以此作为建立一个类似于民主政治的复杂政体的基础，也是不可能的，2003年以来美国在伊拉克学到的就是这些，但如果美国的决策者们多读读历史，他们其实早就应该知道这些。）绝对化的契约理论忘记了，契约必须以自律个体之间的关系为前提。如果没有共同的价值，仅仅基于共同的利益和共同的理论态度，只能在短期内让人们走到一起。没有某种形式的团结，长期的合作是不可能存在的。只有自信且具有杰出权力本能的人，凭借由此引发的道德权威，两者加以理想的结合，才能开辟一条走出囚徒困境、建立最初国家的道路。

国家和社会的子系统，比如家庭、宗教之间的关系是怎样的？为了回答这个问题，我们需要首先列举基本的社会子系统。列举的方法如果只是归纳式的，当然不会令人满意，你会很难理解何以结构划分就是如此这般。而在我看来，每一个社会体系必须有至少五种社会功能，只有经过一定的社会演化，才会有另一些社会功能，比如科学并不必然属于每个人类社会。注意，并不是每一种社会功能都必然有与之相对的社会子系统；在社会的原始阶段，生存的经济需要某些子系统，比如家庭既有繁殖后代的功用也有经济的功用。随着复杂程度的升高，具体的社会职能可以委托给一个独立的子系统。人类的社会功能植根于人的本性；而人是一种复杂的动物，他具有和其他动物甚至有机物一样的功能，是不足为奇的。有机物的特征在于通过代谢、繁殖和死亡而建立的整体和部分之间的特殊关联，它们死亡的原因往往是基于其他动物代谢的需要。因此，除了代谢和生产的功能之外，有机体还必须发展出自我防卫以及控制其他有机体的功能。因此，对每一个希望延续下去的社会来说，都必须有繁衍行为、经济行为和军事行为。如果某个群体，比如修士禁止生育，那么这个群体要延续下去，就只有希望社会的其他部分能继续繁殖出未来或许会加入修士群体的成员。如果一个小国家，比如冰岛，放弃了独立的军事力量，那么它保持独立就只能寄希望于一个强大的盟友，比如美国。

不过，人是极为特殊的动物，第一，他们虽然有与其他动物相似的一些社会功能，但即便就这些社会功能而言，人还是具备一些特殊的、唯有人才具有的特质。一般来说，如果一个新的有机体不能成熟到再生产自身的程度，生育就是没有意义的；而人类的成熟过程却需要大量的时间。婴儿在漫长的时间内，无论在精神上还是在肉体上都是脆弱的，这可以解释为什么每一个人类社会都存在着某种养育孩童的制度——人类在婴儿阶段极度需要保护，而这个阶段又是如此漫长，这可以解释人类智力相对而言的高度发展，此外还可以解释其他一些制度的形成。婴儿需要双亲的照顾可以用来解释稳定的婚姻伴侣的重要性，在原始社会阶段，婚姻是一种对部落的责任。婚姻不是两个个体之间的关系，而是复杂的社会网络的一部分，通过这个社会网络，再生产的各个家庭才联系在一起。人类的经济活动也要比其他动物复杂许多：首先，人类需要文化产品来保护自身，比如衣物取代了其他动物的毛发；其次，人类的需求有内在的限制；再次，人类的自我意识的社会本性让人在看到其他人享受某个自己没有的物品时能感受到自我安慰；最后，人类对未来需求的理智预期创造了一种囤积财产的欲望。霍布斯正确地指出了，"人类的欲求来自对未来的欲求"(future fame famelicus)[1]。同时，对安全的渴求则构成了军事活动的起源。尽管某些明显的恶，比如贪婪、欲望和残忍往往是战争的原因，但不可否认的是，某些侵略者会主观地认为，他们发动的战争是防御性战争，为了国家下一代的未来发展，他们有义务发动战争，如果不能加以阻止，下一代就会成为别的国家霸权的牺牲品。

  第二，除掉那些共同的功能之外，人类还有其他两种不为动物所知的功能。首先，人与其他动物最为明显的区别是他们的道德感。尽管在许多动物那里可以看到与人类社会中的道德相似的行为（比如父母为子女做出的自我牺牲），甚至在部分的高级哺乳动物身上可以发现同情心的存在，比如象群中，但对何为道德正当的反思，则是人类所特有的义务和禀赋；从这些反思中，人类文化更为复杂的维度，如宗教，才会随之而出现。人类渴望同正当性联系在一起，并为此发展出一套策略，以论证他们的信仰是正当的。尽管其中的某些论证策略自后来的时代来看可能是荒诞的，但如果没有对正当性问题的自觉表达，人类将不会成为人类。注意，

---

[1] Thomas Hobbes, *De homine*(《论人》), 10.3; Thomas Hobbes, *Opera philosophica quae latine scripsitomnia*, coll. G. Molesworth, London 1839–1845, 5 Vols., Vol. 2, 91。

"宗教"一词一向很难给出一个明确的定义，我使用的宗教概念是指包括哲学在内的宽泛意义上的用法。这里的宗教并不必然预设一个超越性的存在；因此，它既包括像儒家那样的道德世界观，也包括20世纪对规范的论证，如马克思主义那样从内在论历史哲学[1]角度的论证。尽管随着科学的进步，那种以神性力量介入自然过程的宗教衰落了，但区分是非、信任善良原则却是随人性本身而消长的。

以上还不能充分把握何为正当的；需要对此加以补充说明。这就涉及人的第二个特有的、不为动物所知的功能，即法律。从法律角度来看，政治仅仅是补充性的。我们此前曾提到，信任是建立契约以及契约得到尊重的前提。否则，不仅流氓会置契约义务于不顾，甚至一个正派的人如果有理由怀疑其他党派是否会遵守契约，也会认为完全有正当理由不再遵守契约。为了避免契约被破坏而引入制裁措施，会加强一个正常人对社会秩序的遵从，并有利于社会秩序的稳定。

不过，双方都必须认可暴力的合法运用，这样当其中

---

[1] 内在论者（immanentist）或是指葛兰西对马克思主义的解释，即强调马克思主义的此岸性和内在性（immanence），与彼岸的超越性相对。——译者注

一方及其朋友遭遇国家的合法暴力时,才不至于引发抵抗。就国家的军事功能而言,最为重要的是合法掌控群体内在的社会关系,避免内部的流血冲突。一个运用集体暴力的军事组织最有可能首先对内部运用暴力,因此必须在风俗习惯的网络中标识出一种特殊的形式——也就是说,把法律视为强制化的风俗习惯。当某些破坏道德风尚的行为,比如以暴力的方式侵犯个人利益发生时,军事领袖才将其被赋予的权力运用到国家之内,他将确保运用集体的强制暴力对其加以惩罚。既然群体中大多数人都理解共同体的功能是这样确立起来的,那么对规则和程序的承认也就得以发生。

因此,法律系统其实是社会道德风尚的真子集(proper subset)。法律之所以是风尚的子集,是因为,我们谈论法律时,首先必须要约定一个人的行为应当依据法律,其次,应当在方方面面服从法律。法律的原始形式是习俗法——也就是说,在时间中延续的社会实践通过法律意识得到了丰富。而法律意识也就是指社会实践应当符合法律。不过,法律的规范特征同时也意味着法律必须在实际的道德风尚之上增加;法律可以和自身相矛盾,即便它必须让目标符合其要求。法律之所以是道德风尚的真子集,还因为,如果运用暴力制裁所有违反风尚的行为,付出的代价太大。既然法律的概念中包含暴力,法律的发展就伴随着政治统治集团的权力的增长。如果说法律的特殊功能在于使行为的预期趋于稳定,政治权力的功能在于实现集体目标(最初尤其是军事功能),那么两者又都同时具有两个功能:法律使政治支配合法化,并成为政治组织化的手段;而政治支配则保障了法律的强迫性。[1]

只有当法律不只是个人的行为规范而且还是普遍性的规则时,人们才会更加信任立法者,相信他不会经常制定新法律,法律才能让行为的预期稳定化。[2] 法律的确定性的前提在于,法条应当是全面、明确、容易理解的,而且应当能在社会层面产生作用;基于此,就需要某种合法的强制化的实践方法。法律的连续性和完备性不可能达到完美的程度,因而就需要某种法的等级体系来克服法律的矛盾,就必须有某些法条来决定其他法条应当如何制定:就像哈特指出的那样,次级规则要高于初级规则[3]。此外,法律并不仅仅简单使预期稳定化,而且还以正义的方式让预期稳定化。一旦随着文化的变革或新的社会领域的发展,旧的法律不再有益于社

---

1 参见 Jürgen Habermas, *Faktizität und Geltung*(《在事实与规范之间》), Frankfurt 1992, 176 ff.。

2 参见 Roman Herzog, *Allgemeine Staatslehre*(《一般国家学说》), Frankfurt 1971, 303 ff.。

3 哈特那里的次级规则即关于规则的规则、授予权力的规则。——译者注(*The Concept of Law*(《法律的概念》), Oxford 1972, 77 ff.)

会秩序，法律就不得不发生变更。通过对法律的新的解释，可以扩展法律的原初意义。德国法学派比美国法学派要保守得多，这是因为美国宪法本身的变革要困难得多；因此，建构性的解释必然会扩大联邦政府的权力，后者在工业革命之后几乎是不可避免的，这超越了农业性宪法原初的意图。

最初的政治联合体的发展具备以下一些特征：共同体要有足够的规模；伴随移民和征服，亲属关系得到削弱；对政治和家庭的区分逐渐明晰。而不同道德风尚之间的冲突以及等级的分化，使得法律手段的运用更为迫切；对社会中不同群体的整合成为首要的问题。政治集团领袖的行政职能逐步强化，且出现不同形式的分工；政治官员的职位不再世袭。同时，这些也伴随着政治领导人权力的增长。社会对这一过程的疑虑又逐渐趋向于控制新出现的权力，因而新的政治制度又会随之而出现。一方面，从这一过程中产生出某种结构性的东西，国家带来的是一部分人对另一部分人的支配。恰恰是通过法律，统治者的意志才超越了时间的限制，统治者的意志才有可能（在法律中）永远存在下去，或者至少在统治者死前是这样的。人需要超越个体的死亡，这种超越不仅通过家庭的建立也通过持续的技艺产品——政体的建立就是其中最为完善的使自身永恒化的方式。另一方面，国家权力的正当化也表明了其限度。

在某种意义上,"法治"的确并不仅仅是一种意识形态性的东西。所谓"总是由人来制定法律、由人来执行法律",仅仅有部分的正确性。一部分人对另一部分人运用的权力是否遵循法律,是有重大区别的。更为重要的是,所遵循的法律本身是否为正当的,也是有重大区别的。国家在潜在的层面具有双重性,它一方面是在历史上犯下最大罪恶的极权主义系统,因为国家是不受约束的,但另一方面国家也是一种把人民从持续暴力的威胁中解放出来的权力,它的意图是最大程度上削弱支配,以保证公正和良善的生活。

耶利内克认为,国家包含三种组分:领土、人口或公民以及国家权力[1]。这三种组分并不是互不关联的:国家的公民是臣服于国家权力的群体,领土的概念本身就与领土主权有关。虽然为了实施国家权力不可避免需要有领土(因为人是生活在一定空间里的物质存在),但也必须承认过去也有游牧国家。这里,我只想简略谈谈公民和国家权力问题。公民身份的概念与民族身份的概念不能等同,否则多种族国家就是一个自相矛盾的概念了,而且一个民族也就不能生活在不同的国家里了。虽然现代民族国家寄望于国家的公民最好由同质化的民族组成,但仍有必要指出,

---

1 *Allgemeine Staatslehre*(《一般国家学说》), Berlin 3rd ed. 1922, 394 ff.

首先,"民族国家"观念出现得很晚,在人类历史上并没有起到什么作用。其次,给民族下定义是一件极为困难的事情。其标准既可能是生物学标准例如共同的祖先,也可能是共同的文化、共同的语言、共同的宗教、共同的价值或者说共同的历史经验。不过无论怎样,与公民身份的概念不同,民族身份的概念是前政治的。民族国家就处在这两者之间:民族国家既是民族性的也是公民性的,它之所以是公民性的,是因为它靠强烈的集体认同感而联系在一起。

尽管民族主义并没有把握住人类历史上建立国家的实际情况,但一般还是认为,国家之所以能够存在下去,是因为其国家的公民拥有某种共同的东西。虽然国家自身就能创造出"共同性"(commonalties),但它不可能无中生有凭空创造出来,它必须建立在已经存在的共同特性之上。首先,任何支配都需要交流。不过,这并不意味着,公民必须有某种民族国家的本土语言。事实上,只要存在着某种通用语言,一个人掌握两种语言(一门通用语、一门母语)就完全可以和任何人直接交流。在语言问题上,我们可以看到,通常我们认为是一个国家得以建立的条件的东西,其实反而是国家建立之后结果。法国的政治统一就并不来源于这个国家同质化的语言,很大程度上,政治统一反过来创造了语言的同质化。既然政治话语的目标是行动，那么共同道德风尚之下的法律就甚至要比共同的语言更为重要。的确没有必要通过法律强制把每一个群体的道德风尚统一到同一个原则之下；在法律允许的限度内，各种不同风俗同时并存是可能的。不过，现存的风尚必须对强制性法律保持尊重，法律就是法律，即便法律内容偏离了自身的风尚习惯，也必须对法律保持尊重。任何一个拥有选举权的公民，也就是说具有政治权利的公民，都不仅仅是一个公民，他们必须有比公民更多的共同性的东西。因为有选举权的公民不仅依赖国家的命运，也决定国家的命运。仅仅不违反法律、按照法律执行是不够的，比起这些，共同的行为和共同的决定预设了更多共同的东西，因此，它所需的同质性就更多。迄今为止所有的多民族国家，都或者是非民主的国家，或者仅仅赋予一小部分人以民主权利，这绝不是偶然的。民主化往往意味着多民族国家的解体；相反，建立多民族的国家也往往意味着对民主制的威胁：奥斯曼土耳其帝国、奥匈帝国，甚至罗马扩张之后的共和政体的衰落都属于这种情况。

什么是国家权力？它是一种与政治统治集团尤其是国家相关的支配形式，用韦伯的术语来，一个统治集团可以被称为"政治"的，在于"其命令的实施是凭借行政人员对武力和武力威胁的运用而得以在特定疆域内持续的"。而作为政治统治集团的国家对韦伯来说,仅仅是一个现代的现象:因为国家"垄断了所有合法的暴力"[1]。这并不意味着,对政治集团来说武力和武力威胁(威胁的目的在于使武力本身变为不必要的)是唯一的权力运用手段;如果武力和武力威胁是这个集团唯一的政治手段,那么它根本不可能维系下去,因为惩罚不能取代共同的道德风尚,后者才是法律和国家的基础[2]。因此,国家将运用此前我提及的其他手段。例如授予奖章等激发公共荣誉的手段,就属于介于正面裁可与说服之间的东西。经济政策方面,国家行为的领域包括以法律的方式禁止某些经济活动、通过税收掌握某个领域的经济发展、通过金融手段刺激某个领域的经济活动,最后还可以采用"道德劝说"的方式。不过,这些都改变不了一个事实,武力仍然是最有效的手段。国家之所以能授予某些正面裁可,是因为它有权通过暴力的手段来征税,而强制义务教育这类现象的存在也说明了,国家至少可以强制人民倾听这些诉求。另一方面,还必须重申的是,国家在刑罚上的权威也来源于一个基本事实,

---

1 *Wirtschaft und Gesellschaft*, op.cit., 29,英译本参见 A.R. Henderson and T. Parsons。
2 孟德斯鸠对中国政体的赞扬,参见 *Esprit des lois*(《论法的精神》),19.17。

惩罚必须是正义的，这样受到惩戒的人才会感到羞耻。

国家垄断合法暴力的欲望有两个理由。其一，一旦非政治的暴力得到允许，暴力难免不会指向国家本身，而国家权力的运用就会受到威胁；其二，在现代社会，暴力手段越来越可疑，暴力的运用往往被限制到最小的程度，而且必须只能被国家所使用。在某些例外情况下个体也可以运用暴力来自卫，不过，运用暴力自卫还必须有两个条件，首先，只有国家没有介入的情况下；其次，国家允许这些例外情况的存在。

与国家对执法权的垄断密切相关的是国家对立法权的垄断。这不仅体现在民法层面甚至也体现在宪法本身的层面：国家其实是一个自组织的机构。只有国家权力本身是合法的组织，它才同时是法律的保障，相应的，宪法是权能规范（norms of competence），它的一致性（homogeneity）要求其重要性要远远高于一般法律的一致性要求。如果民法中存在着矛盾，那么可以通过法官和立法者来解决这些问题；但如果宪法中存在着矛盾哪怕仅仅是一些小漏洞，其后果很可能是内战，因为这时我们不知道该听谁的指导。国家权力的统一和不可分割仅仅意味着，规范体系尤其是权能规范的体系必须是融贯一致的。对分权机制来说，最为重要的是不要破坏国家权力的统一性，如果权力冲突没有破坏国家权力的统一性，那么冲突就可以得到和平解决。因此每一个国家理论的核心问题都应当是，"应当怎样理解国家权力在产生上的多元性，以及在执行上的统一性？"[1]权力的分割和国家权力的统一性可以做到没有矛盾，但这只有建立在明确划分各国家机关的职能，并且确定各国家的权力序列秩序的前提之下。不过，无论在理论上还是在实践上，这样的序列秩序都很难达到，因此历史上的早期现代国家理论就曾主张，国家权力的统一性应当预设某一个人或某一个特定的国家机构作为权力的承载者——其代表是霍布斯的绝对主义以及卢梭的激进民主。不过，在现实层面，自由主义的分权观念之所以无论在水平维度还是在垂直维度其实都并没有影响到国家的统一性，仅仅是因为，首先公众普遍认可，一旦某个决定是终极性的，它就应当有法律的约束力，其次，涉及对宪法内容的解释时，国家应当适时做出生死攸关的决定（后者并不必然包含在前者之中）。

这里我们遭遇到了宪法理论中最为复杂、最为艰难的概念，即主权。"主权"有时意味着拥有最高决定权的权威：无论主权在于哪一个国家机关，国家的决定都必须是终

---

[1] Hermann Heller, *Staatslehre*（《国家学说》，1934），*Gesammelte Schriften*（《海勒作品全集》），Leiden 1971, 3 Vols., III 79–406, 340.

极性的、没有任何法律上诉的余地。在德国这样的国家，最高决定权是在几个国家机关之间分配的：一条法律如果有不可争辩的效力，需要首先在下议院得到通过（部分法律需要上议院通过），需要联邦总统签署，由联邦公报宣布，并得到联邦宪法法院确认与宪法没有冲突。这时，主权者是作为一个整体的国家机关。更加影响深远的是另一个论断，即主权意味着不受法律限制的权力。这并不是说，大多数国家机关不受宪法的约束。在宪法框架之内，所有国家都有可能改变国家的权力范围（在大多数情况下是通过宪法的修订）。运用这一权威的国家机关因此就有了某些特殊的权力，也就是说机构主权（organ sovereignty）。有些宪法限制对于宪法本身的变革，因此"机构主权"就不能总是拥有不受法律约束的权威。不过，这些限制终究是法律限制，它形成于宪法之中，也就是说，法律限制它自身。这种法律领域的自足可以被称为"主权"，因此，在这种意义上，宪法本身而不是某个机构才是主权者[1]。至于立宪权问题，这已经不再是一个法律问题而是道德和政治的问题。每一种宪法法律都预设了一部宪法的存在；要宪法证明它自身是合法的，这就好比要

---

[1] 参见 Martin Kriele, *Einführung in die Staatslehre*（《国家学说简论》），Reinbek 1975, 111 ff.。

求数学用数学的方式证明它的公理。

国家怎样起源,并达到它现代的形式?用韦伯的话来说,国家仅仅出现于现代;现代之前,只有政治统治集团,我更愿意称之为"集团国家"(corporate groups states),以此区分于现代国家。不过,前现代国家也是人类演化历史相当晚近的产物,它出现在人类漫长的渔猎社会之后,因此,我们可以将人类历史可以分为依次产生的三个主要阶段[1]。前现代国家的演变是基于定居的生活方式以及新石器时代的农业革命。农民比游牧民族更容易受到攻击,因此他们的防卫是必需的;于是引发了堡垒的产生。经济生产带来的专业化分工使一小部分人从自给自足的生活必需品生产中解放出来,贸易的发展使法条和法庭成为必不可少的。复杂技艺尤其是巨型建筑、原始科学以及书写的出现,则是下一个重要的步骤。书写让人类不再依赖记忆,让客观化的管理成为可能;法律、契约以及外交文书有了更为牢靠的形式。所有这些最终导向的是国家的出现,这些因素促进了国家的出现,国家也有助于这些因素的发展。另一些决定性的要素还有:让支配合法化的新宗教观念,以

---

[1] 参见 Ernest Gellner, *Plough, Sword, and Book: The Structure of Human History*(《犁、剑和书:人类历史的结构》), London 1988。

及灌溉农业的经济形式。几乎所有的高级文明都滨河而居,这绝不是偶然的。尽管今天的中国现代化的速度要比种姓体系的印度发展得更快,尽管二者之间存在着差异,但它们之间无疑具有某种农业社会的共性。(在前现代的农业社会里)社会的不平等是巨大的,社会流动性也是不够充分的。除了一小部分人之外,大多数人不得不关注个人的生存问题,因为个人唯一的动力来源只能是人和动物的肉体力量。出生率和死亡率都非常之高,因此也没有出现高素质人口的增长。出于对生命短暂的预期,每个年轻人都对暴力、疾病和饥荒造成的早夭习以为常。一方面,个人比现代社会的人逝去得更快,个人更容易用代际的语境理解自身。另一方面,对死亡的持久关注也会让那些没有受过教育的人陷入现代福利国家根本不能体会的困境里。这些国家往往有某种令人恐惧的独裁性权力,但其基础性权力(infrastructural power)却是有限的。[1] 除了中心之外的地区,其他地区交往和交流的速度非常缓慢,且花费巨大。征税代价昂贵,且伴随着腐败而不能持续。传统的裙带关系、

---

[1] 我从迈克尔·曼那里借来了专断性权力和基础性权力的区分:"The Autonomous Power of the State: Its Origins, Mechanisms and Results," *European Journal of Sociology* 25 (1984), 185–213。

行会、宗教团体以及村落结构是社会的基础，国家只是其中的一种权力。农业国家的政治体系之间存在的差别只是拥有共同文化中心、松散联系的城邦国家以及更大规模帝国的区别。尽管帝国比城邦联合体有更强大的中心，但相比现代国家，帝国的权力在垄断性和广泛性上都要差得多。垄断权力的统治者依赖与军事精英的合作，后者往往是由基于出身的寡头集团组成的，他们常常能对统治者发起挑战；此外，统治者还需要面对外族的威胁，有时虽然可以征服一个帝国，但其行政机构往往还是和以前一样。

农业社会及农业国家的转型要归因于工业革命，虽然在此之外一些重要的政治变化已经开始出现。这并非是某种欧洲中心主义，我陈述的只是一个事实，工业革命起源于欧洲（准确地说是在英国），其后蔓延至全球。如果一个人认为，这个转型是唯一可行的通往现代国家的道路，这才是欧洲中心主义。我本人并不排除，如果欧洲没有发起这个转型，其他大陆也很可能存在各种各样的道路。当然，由于没有接受过另一种历史训练，我只能集中讨论发生在欧洲的、对于现代的起源来说重要的文化和国家的发展。尽管我们无疑有多种遭遇现代性的道路，但能力所限，请允许我只谈论西方进入现代性的道路。对于非西方文明来说，西方的经验可能有两种意义：首先有助于他们认识那些有益于现代性的因素，其次，至少可以有助于认识西方人对西方历史的自我解释。

对每一个受过教育的欧洲人来说，所有农业社会繁多的人类文化里，有一个最吸引他们的文明，这就是希腊。希腊—罗马文明和犹太—基督宗教不用说是西方文化最为重要的智识来源；不可否认，如果没有希腊世界的两个创新，西方文明就不可能得到发展。第一个创新是科学。虽然在巴比伦人那里已经出现复杂的数学和天文学，但只有希腊人才发现了$\sqrt{2}$的非理性——尽管这个发现与实践毫无关系，并且发展了从公理到定理的演绎方法，显示了他们惊人的原创性。我刚刚已经提到，科学与技术无关（中国古代的技术成就要高于希腊）；不过，一旦科学与技术相结合，希腊科学的数学严格性很快就发展出现代的"上层建筑"（super-structure）。与科学狂热相关的是对理性的献身，后者直接导致哲学的诞生。

比科学和哲学更为重要的是，希腊对民主的发现。如果说理性是重要的，那么政治权力就不应当被放在少数由出身决定的贵族手里，而是应当放在所有自由的公民手上。当然，希腊采取民主形式的城邦国家并不只是建立在理念之上。民主有其社会前提，比如有财产的自由农民、希腊城邦间的贸易以及重装步兵。雅典的农业改革和政治改革非常重要，这样农民才能够买得起武器和盔甲。直接民主只能发生在一个小范围的地区之内,因此,可以说,无论用什么样的标准来衡量,雅典都是世界历史上最为民主的国家——没有任何现代民主国家有这么高比例的公民直接参与立法、行政和司法事务。但为什么阿提卡的民主还远远谈不上一种理想的民主制度?首先,有公民权的公民还只是人口的一小部分。在社会等级秩序的底层还有一些被残酷剥削的奴隶,没有他们,民主就不可能发挥作用。[1] 其次,正如贡斯当在他对古代自由和近代自由的比较中指出的那样,甚至拥有公民权的公民享有的也只是政治权利[2]——为自由主义喜好的、脱离国家的自由并不是他们的基本价值。再次,民主制雅典的外交政策是非常野蛮的。所谓民主国家之间不会发生战争,在当今世界或许有可能是正确的,但在古代世界肯定是不正确的。雅典民主是一种支持普遍主义的民主,虽然其中的部分理念可以激发民主和自由的普遍主义,但首先得承认,这种政体的精神是一种与现代民主全然不同的东西。

希腊化时期的王国是亚历山大建立的帝国解体后的产

---

[1] 佩里·安德森认为,希腊人的自由和希腊人的奴隶制度是密不可分的(*Passages from Antiquity to Feudalism* [《从古代到封建的进程》], London 1974, 23)。

[2] *Cours de politique constitutionelle* (《宪政政治进程》), Paris 1872, 2 Vols., II 537–560.

物，他们最终为罗马所征服。罗马与希腊不同，尽管罗马有着共和国的外表，但是在实践上其权力是掌握在一小部分寡头手里，罗马的宪法法条规定他们作为一个整体参与议会（虽然在临时性预备会议中的选举让最后的选举变得不平等），后来寡头集团逐渐变得开放，让有能力的人从低等级获得上升渠道。罗马共和国内部政治中最为重要的部分是立法权的斗争，最终平民获得了官员资格和祭司资格。在马克思之前，马基雅维利、维科和孟德斯鸠就已经看到，社会斗争是罗马史的主要动力。其实，同样重要的是，法律的发展起到了化解冲突的作用。如果民主自由是希腊人对世界历史的贡献，那么罗马的贡献则在于国家对私人财产的保护，以及极端分化的契约化体系。罗马共和政体的政治和社会平衡最终被他们在对外征服领域的成就破坏。外部的军事成就加剧了经济的不平等，军事将领为官兵提供的恩惠使他们得到了官兵的支持，于是军事将领中的杰出一员恺撒最终推翻了共和国。而帝国的基础结构则为基督教的迅速扩张提供了条件，在戴克里先最为残酷的迫害之后，他的继任者君士坦丁决定将威胁转化为帝国的道德基础。西罗马帝国陷落之后，国家权力出现了史无前例的倒退，科学和技术知识的破坏也陆续出现。不过，恰恰是西欧提供了现代性的方案。这是为什么？

在原始野蛮人尤其是凯尔特人和日耳曼人对罗马文化的吸纳中,基督教的作用不能被低估,因为基督教结合了希腊的沉思和激动人心的理念,后者能够激发目不识丁者的想象力并为整个社会提供一种共同的世界观。甚至道成肉身的悖谬理念也改变了人类对于历史的态度。从远古以来,历史就被视为循环的,而现在,一个事件让历史分成了两部分[1],因此也为后来的进步史观埋下了伏笔,并由此带来了真正的进步,因为我们对历史的解释会影响到历史本身的发展。实践上,由于天主教会的等级制度,它也是中世纪欧洲组织得最好的集团,教会一方面使政治领域的解放极为困难,但另一方面也为后来的支配和行政技术做好了铺垫。在教会之外,社会是按照封建的模式加以组织的。尽管封建制使得现代国家的建立极为困难,但同时也必须承认,封建制比起部落制度还是一种巨大的进步:尽管封建关系是不对称的,但封建关系的基础却不再是亲属关系而是自由的选择。尽管日本也是封建制,而且因此能够快速融入现代化进程,但与日本的封建制不同,西欧的封建制发展出了一种财产的代表权,以及一种比雅典的直接民主更高的政治原则。

---

1 参见 Augustine, *On the City of God*, XII 14。

现代性最为重要的特征是什么？15世纪下半叶出现了活字印刷术、三桅帆船和青铜铸造的火炮[1]——这三种技术分别增加了识字率，让航海成为可能，使中世纪城堡陷落，从而加速了中世纪的终结。不过，现代性并不只是这些发明创造，因为很明显的事实是，中国人先于西方人发明了活字印刷、指南针和火炮。比这些发明创造更为伟大是，社会中优秀的人开始运用这些技术[2]；如果这一点不存在，甚至那些最为重要的发明比如罗马的水车都仅仅是一种孤立的现象。人文主义和文艺复兴就提供了这样的背景，它们引导了一种对于人类自身的解释即将人解释为上帝的肖似影像，尤其是人模仿了上帝对于新事物的创造。文艺复兴对于古代世界的热情发展出一种语文学和解释技巧，由此宣告现代人文学科的诞生。新教个人主义获得了宗教的正当性：每一个基督徒都与上帝直接相关，因此每个人都是他自己的牧师，这又预示了某种民主化的后果。对个人灵魂的拯救不再是教会的公共任务，而是个人自己的责任。与此相关的是世界的去魅化，笛卡尔对精神和肉体的

---

[1] 参见 Francis Bacon, *Novum Organum*（《新工具》），I 129，不过培根提出的是指南针而不是三桅帆船。

[2] 参见 Georg Wilhelm Friedrich Hegel, op.cit, Vol. 12, p. 491："需求出现时，技术才被发明。"

分离使得现代科学成为可能。与此同时,新的规训也开始了,新的规训既驯化了贵族武士阶层,也压抑了诸如狂欢节那样的大众庆典[1]。基督教的分裂导致的极为野蛮的战争开启了一种对理性伦理的追求,伦理不再依赖于启示,这样的一种伦理学不可避免成为一种形式化的、普遍化的、个人主义的、实践取向的伦理学。

资本主义则是一种与新的精神相适应的经济形式,因为它奠基于形式平等的理念和自由选择的合作。劳动而不是抢劫被视为财产权的来源,而财产权则尽可能不再受到限制。一种新的创业者类型发展起来,他们通过技术和组织化的创新,既发现也发明了新的需求。只要法律和政治的框架是稳定的,并且存在着一种高强度劳动的精神面貌,他们就能获得成功。工作上的苦行和消费上的奢侈在资本主义的起源问题上发挥了同等重要的作用。投资所需要的资本积累在现代社会中是这样实现的:一方面是通过征用(比如将小农赶出他们的土地),另一方面是通过殖民掠夺其他国家。通过工业革命,食品生产、医疗和交通都大大得到了发展,生活预期也有了戏剧性的提升,同时,由于

---

[1] 参见查尔斯·泰勒在《世俗化时代》中令人印象深刻的描述:*A Secular Age*, Cambridge, Mass. 2007。

出生率的下降没有快过死亡率的下降,所以世界人口也相应得到了增长——尽管男性和女性之间平等的性权利和经济权利已经证明是限制人口增长最为有效的手段。人口增加以及随之而来的人类需求的增加对环境造成了前所未有的压力。过去,能源消耗仅仅局限于供应每年度的再生产,现在由于诸如化石燃料这样的死去的有机物的替代能源的出现,不受限制的增长造成的污染也随之而增加。量取代了质,量产的产品最初供应的是宫廷,后来转而供应的是工人。世界性的经济也逐渐出现了,这个过程在19世纪得到了加速发展,在1914年至1945年之间陷入停滞,1989年之后又再次复兴。推动现代性的美德在于一种对于平衡的强烈感受,一种对于寄生的反感,一种对于工作的高度评价以及对于情绪的控制。不过,这也伴随着资本主义的意识形态带来的某些问题:通过"看不见的手",也通过普遍福利,人们不再能超越个人利益思考问题——同时,经济领域不再关注慷慨、善意、无私的忠诚等等那些视为典范的东西,英雄般的自我牺牲及对于弱者的责任都消失了。

国家在这一由资本主义和现代科学引发的转型中又处于什么样的位置?早期现代国家的第一个任务,就是针对中世纪封建体系的和解,这又预设了对暴力的垄断。尽管"绝对主义"是一个误导性的名称,早期现代的君主比现代独裁者受到道德风尚、宗教以及地区性权利的限制要多得多。国家的教会切断了与超国家的教会之间的联系，但同时宗教信仰自由却变得更为艰难。政治上失势的贵族和资产阶级开始运用新经济系统以获取基于经济的权力，事实证明这种经济权力对国家是有益的，可以增加社会流动性。16世纪的资产阶级革命爆发在西班牙统治下的尼德兰，它打破的是绝对主义的权力，17世纪的资产阶级革命发生在英国，18世纪发生在法国，19世纪未遂的资产阶级革命发生在德国，20世纪发生在俄国。一旦资产阶级革命胜利了，贵族就会让出位置，权力就会得到分割，立法权就会转移到议会手中。在所有的这些革命里，最重要的是法国革命，因为它让国族问题和社会问题成为政治性的议题，并且一直延续了两个世纪。法国革命另一个重要影响在于它的宗教性宣谕，它声称开启了一个新时代，重新改变了整个世界。

战争预设了内战，1917年和1989年之间发生了全球性的大规模内战。新的普遍主义的主张人权的道德，与在历史中创造这些权利的意志密不可分。从拿破仑开始，革命的常态化预见了国家权力的惊人增长：公民的注册登记、普遍的军事义务、护照的引入、国家权力对于地方的渗透、大量的法条被引入或者说至少得到了加强。这些创新很快传遍了整个欧洲，整个欧洲不得不吸收法国革命的创新，尽管另一方面它还想抵制新兴国家的权力增长——这就好比,19世纪晚期以及20世纪以来,非欧洲的地区文化采纳了现代国家的原则,以此反抗殖民统治。法国革命给了民族主义以极大的鼓舞,民族主义第一次成了欧洲的主导性意识形态,并且在两次世界大战中给欧洲带来了巨大的灾难。民族主义是一种内在化的宗教,其中包含着社会的自我神化。但民族国家的正确之处在于它促进了工业革命,而后者则预设了社会的流动性。[1]因此,民族主义文化和共同的语言对于民族国家来说就变得尤为必要,民族国家有意在公立学校推行对于公民的教育。民族主义的悖论之一在于,它既是有意唤起对于过去的回忆,同时它促进的工业化又以人类历史上前所未有的方式摧毁了一切宗教、等级以及地区性的差异。此外,民族主义的另一个悖论则在于,它预设了普遍主义的理想,在对内的层面上它的平等主义将导向国家的民主化,而在对外的层面上它却与普遍主义的理想发生了冲突。

近代史上另一个重要的角色是阶级,工业革命引发的不同阶层之间的财富分配,是政治最为重要的问题之一。虽然在资本积累的开始阶段,为了将资本集中到少数人手

---

[1] 参见 Ernest Gellner, *Nations and Nationalisms*(《民族和民族主义》), Oxford 1983。

里以便开展工业化,对大多数阶层的剥削或许是不可能避免的,但资本主义开启的经济增长却不可能为农业社会所拒绝:资本主义的经济增长不需要采取劫富济贫的方式。现代福利国家是一个漫长的过程;福利国家的成功代表着它拥有了其他任何政治体都无法想象的基础性权力——当然,极权主义国家要排除在外。另一方面,这同时也意味着社会对于国家的影响逐渐增强,国家丧失了超越于再分配之上的能力。"具有讽刺意义的是,'强'国家由于自己的强大而让自己变得虚弱。"[1]

有一种极具诱惑力的说法主张,从原始国家到希腊城邦、罗马混合政体、基督教的普世理念、基于分权法治的宪政国家,一直到民主国家和福利国家是一个不可避免的过程。但我们之所以要拒绝这一诱惑,其理由有三。其一,20世纪带来了最为恐怖的国家形式即极权主义国家,它集专断性权力和基础性权力于一身,因而也产生了历史上最大的罪恶。没有理由相信,21世纪会避免这一回潮,因为21世纪的国家同样植根于现代的某些基本特质之上,比如对客观道德秩序的拒绝以及试图改变社会的野心。其二,尽管世界性经济在发展之中,但我们还缺少中心的治理机

---

[1] John A. Hall/G. John Ikenberry, *The State*(《国家》), Minneapolis 1989, 13.

构,对于国际政治领域权力更迭的恐惧,很有可能会导致战争的产生,而20世纪技术进步使得这种战争的摧毁性不可等闲视之。其三,新兴国家的大规模经济增长,有可能在不远的将来使得这个地球上的所有人都开始成为富人中的一员,开始享受同等的消费水平。基于公正,我们对这种发展寄予希望,但不幸的是,地球很可能无法承受这种生活方式的普遍化。人类是否能发现一种可以为所有人分享,而且并没有摧毁我们生存的自然基础的生活方式,是我们这个世纪最为重大的问题。而其正当性来源于持续不断满足人类需求的现代国家(无论民主或不民主),这并不能使我们感到乐观,我们无法给出一个确定的答案。一个确定的答案将依赖于未来的一代究竟将现代性视为一种祝福还是视为诅咒。

(韩潮 译)

契约、道德风尚与现代国家
孙向晨教授对第三讲的回应

赫斯勒教授在此讲中对国家本质的论述对于他整个系列演讲具有关键性作用,前承社会现象的互补性,后接国家的道德维度,只有如此这般理解国家的本质,国家的道德维度才会是顺理成章的。

赫斯勒教授涉及国家本质及其在西方语境下展开的诸多方面,洋洋洒洒,要言不烦,应该说其论述颇多精彩,然而限于篇幅,很多方面并没有全面展开,很显然这一演讲是他比较成熟的关于国家思想的某种缩减版。在赫斯勒教授的论述中,受黑格尔哲学影响的痕迹也是相当显著的,比如他对契约论的批判,对道德风尚的理解,以及在西方历史经验上讲述的现代国家产生的历程。当然他更多地依托现代社会与政治哲学的语言来展开他的论述,诸如对韦伯诸多概念的倚重。可以说,在很多方面,我都比较赞成赫斯勒教授的立场与观点,他是一位视野开阔宏大、很有见识的学者。如果说有什么问题的话,那就是赫斯勒教授在这里提出了太多的问题，但展开的空间实在有限，因而略显粗疏，重点不甚突出。

赫斯勒教授从权力与支配的区分入手，论述了国家如何能建立一种长期化的、得到民众承认的权力关系，由此他特别分析了出于个体利益的契约模式在论述国家的支配关系上显现的基本特征及其局限。此外，他特别提出了风尚之于实践契约的重要性；而风尚在社会中可以衍生为人区别于动物的两种特别功能：一是道德感，二是法律性。前者与现代社会的信任有关，后者与现代社会合法运用暴力有关。这些都是现代国家的关键性要素。通过民族与公民之间的张力，赫斯勒教授逐渐解释出现代民族国家背后的悖论性关系。至此对于国家的本质的理解还是不够的，赫斯勒教授更从历史维度勾勒出，在西方语境下现代国家在西方传统要素的支撑下是如何脱胎出来的。基于这样的理解框架，我这里选择几个突出的问题来加以论述，首先是契约与道德风尚的问题，其次是民族与民主的问题，最后是现代国家的命运问题。在强化赫斯勒教授论述的同时，我会有所补充，有所加强，有所质疑。

一、契约与风俗

赫斯勒教授指出，国家本质的核心问题是，如何建立一种长久稳定的权力关系。他提出了四种最终导向国家的社会关系：1. 家庭中的集体认同；2. 弱者对于强者权力的顺应；3. 出于个人利益的契约关系；4. 认同领袖权威的魅力。这些都是在西方理论中极为常规的支配理论，从父权论、征服论到克里斯玛的权威论。他尤为着意的则是近代以来极为流行的契约论，并对契约论进行了深入的批判，但赫斯勒教授的批判总体沿袭的还是黑格尔的路数，即指出，商业性的合作关系与国家的权力关系是有本质差异的，"将国家与商业企业相类比是极具误导性的"。因此国家即便是一种契约，也会是一种元契约；而且即便是元契约也依然是不可行的，因为它在历史上是可疑的，在现实中是不充分的。谁来监督监督者的问题，始终悬在契约论的头上。事实上，霍布斯在《利维坦》中就已经提出这个困境：没有契约就没有公共权力，但没有公共权力又如何来保障契约。在赫斯勒教授看来，根据霍布斯设想的那种原子化的、追求个人利益的个人，那么基于囚徒困境，他们必定是会相互摧毁或者是被奴役的，国家是不可能建立的。

赫斯勒教授对于近代以来各种契约论的理论弱点洞若观火，但他也承认近代以来在国家理论上契约论的解说方式是"最有吸引力"的。契约论尽管有那么多显眼的弱点，在赫斯勒教授看来也是"最没有可能性",但哲学家们为什么对契约论依然青睐有加,在这个问题上赫斯勒教授似乎并没有给出清晰的解释。契约论的流行并不在于其历史的起源和佐证,也不在于其现实的可行性;这恰是契约论的薄弱点,也是诟病契约论的着眼点。契约论流行的最大的原因在于以现代平等的个体为出发点,契约论是一种最好的解释模型,它从理论上解释了权力的合法性来源。不再是基于自然权力,如父权论;不再是根据自然强力,如征服论;不再是出于神圣的力量,如克里斯玛的权威。平等的个体是现代性的前提和出发点,唯有基于契约论提供的支配关系,才为个体提供了权力的合法性基础。是权力的合法性而不是可行性,构成了契约论的最大吸引力,这才是问题的关键。作为一种国家理论,契约论漏洞百出但依然"最具吸引力"。

赫斯勒教授延续了对于契约论批判的历史可疑论和现实不可行论的路数,但并这不能抹杀契约论能提供权力的合法性这一关键点,因而其批判并不那么具有针对性。可相对于其论述的目的来看,他依然很有可取之处,赫斯勒教授非常敏锐地看到,大多数现代国家理论都试图将国家基础奠定在契约式的平等个体之中或斗争的阶级关系之中,他们都忽视了社会的另外一个基础,也就是家庭。家庭正可以援助孤立无援的个体,而国家也将提供这样一种相互归属的情感,它先于分离的个体。这是极富洞见的,因此他从契约关系的有限性中提出了道德风尚之于遵守规范的关键性作用。他说:"对于国家的发生学理论而言,最为关键的一个范畴是道德风尚(mores)。道德风尚的社会作用是建立遵守规范的信任,没有这种信任,契约是不可能达成的。"因此只有基于道德风尚的信任,才有可能破解契约论的囚徒困境,建立最初的国家。因此,与绝对的契约论思想不同,赫斯勒认为国家尤其需要道德风尚的支持。在这个意义上,赫斯勒依然是黑格尔式的,国家的本质不仅仅在于法律,不仅仅在于道德自律的个体,更在于一种伦理生活的关系。

在黑格尔的《法哲学》中,他通过抽象法、道德和伦理生活论述了国家的本质。赫斯勒教授的妙处在于,在"道德风尚"之后,他展开了道德与法律。一如黑格尔在《精神现象学》中的做法,客观精神首先从"伦理"开始。在这方面赫斯勒教授的观点亦可圈可点:道德风尚之后,延伸出道德和法律两个维度。对道德正当性的反思是人类的特质,只有在这些反思之后,人类文化更为复杂的宗教或者说是像儒家这样的整体性世界观才会出现;另一方面,道德风尚与法律亦密切相关,道德风尚建立信任,信任是建立契约或者遵守规则的前提；反过来讲，避免契约遭到破坏就必须引入制裁，引入法律，因此，赫斯勒教授"把法律视为强制化的道德风尚习惯"，法律通过暴力强制来对违反规则的行为进行惩罚，从而强化对规则和程序的承认。法律之于道德风尚的重要意义在于，它比道德风尚更稳定，因此法律可以使人们行为的预期稳定化，而且是以正义的方式使预期稳定化。这也正是建立国家的意义所在。

二、民主与民族

现代性的个体催生了现代国家中的公民身份与民族身份，平等的公民是现代政治参与的前提；而民族概念则是在平等个体的前提下建立起来的认同机制。公民概念有古希腊民主制的来源，而民族却是一个发生得很晚的概念，是在西方历史背景下，当封建制逐渐消失后开始建立起来的，这两个似乎是相差很远的概念。但赫斯勒教授敏锐地指出，"现代民族国家寄望于国家的公民最好由同质化的民族组成"，由此使这两个并不相同的概念在现代民族国家中结合在了一起。现代民族国家既是民族性的也是公民性的，它之所以是公民性的，是因为它在契约论的前提下，是民主政治参与的路径；它之所以是民族性的，是因为它起着某种道德风尚的作用,通过文化的认同感而建立起某种信任,为民主提供某种同质化的文化。基于对契约与道德风尚之间关系的理解,赫斯勒教授同样得出结论说,任何"具有政治权利的公民,都不仅仅是一个公民,他们必须有比公民更多的共同性的东西",其隐含的潜台词就是有政治权利的公民,需要建立相互信任的文化。而这在现代世界恰是靠民族提供的。民族提供了某种同质化的文化,是一个集体的某种共同性的东西,是建立相互信任的前提,也是遵守法律、执行法律所预设的"更多的"共同性的东西。从某种意义上说,赫斯勒教授所说的契约与道德风尚的关系,在现代民族国家的关系中,通过公民与民族的概念有了它们各自的映射。

由此可见,民族对于现代国家具有的重要意义。但是,这种同质化的"民族"概念反过来对于多民族的国家来说却是一个巨大挑战。赫斯勒教授非常坦率地指出,"民主化往往意味着多民族国家的解体;相反,建立多民族的国家也往往意味着对民主制的威胁:奥斯曼土耳其帝国、奥匈帝国,甚至罗马扩张之后的共和政体的衰落都属于这种情况"。他认为,这是我们在面对现代多民族国家时所必须面对的。奥斯曼帝国当年在拯救多民族的国家时,使出了多种手段,或是奥斯曼主义,或是伊斯兰主义,或是泛突厥主义,等等,但最终在现实中实现的是土耳其共和国这样一个标准的民族国家。在多民族的国家中,民族与民主之间存在着的深刻悖论,现代以公民为基础的民主化进程的前提往往是同质化的民族,所以民主所预设的同质化文化是斩断多民族联系的利器,即便是捷克斯洛伐克这样在历史上就密切联系的国家,在民主化的进程中也分家了。很可惜,赫斯勒教授对此并没有做更多的展开,而这却常常是现代国家的悲剧性命运。

在历史的语境下,赫斯勒教授从另外的角度对于现代的民族主义保持高度的警觉性。他指出现代民族主义的两个悖论:其一,民族主义一方面有意唤起对于过去的回忆,形成共同文化,但同时它所促进的西方工业化过程又以人类历史上前所未有的方式摧毁了一切宗教、等级以及地区性差异;其二,民族主义一方面强调平等主义,直接导向国家的民主化,同时在对外的关系上却扇了自己一个耳光,民族国家之间的战争是现代世界的巨大灾难。赫斯勒教授之所以念念不忘民族概念,是因为民族概念是现代国家的基石,是现代国家本质的重要方面。

现实的悲剧其实暗含了民族概念内在的弊病。这里必须指出的是,民族概念是一个基于西方历史经验的概念。这种脱离了历史和区域语境的普遍化概念,导致了对于现代国家理解的狭隘化，这说明民族事实上并非一个普适性的概念。概念的历史语境与概念的普遍化适用之间的张力，在"民族"这个例证中显得尤其扎眼。这也是这些悖论性的现实得以产生在理论上的缘由。赫斯勒教授显然意识到西方视域的某种局限性，但同样他指出，对于非西方文明来说，西方的经验可以有两种意义：首先有助于认识那些有益于现代性的西方因素，其次有助于认识西方人对西方历史的自我解释。在全球化的时代，亟需一种更开阔的视域。当然这不是我们可以苛求赫斯勒教授的地方，而恰是我们自身努力的理论方向。

三、现代国家及其挑战

以欧洲的经验来看，前现代国家是松散的，对于传统的封建制来说，可能更加多元化。在这个意义上，我们才能理解，为什么韦伯说，国家仅仅出现于现代；现代之前，只有政治统治集团。因此，赫斯勒教授将现代国家的产生，区分为两个阶段：第一阶段是"绝对主义"，是针对中世纪封建体系的分散权力，进行暴力垄断；第二阶段则是资产阶级的革命，打破绝对主义的权力，有了权力的分割。这一进程在不同的国家有不同的时间表。16世纪尼德兰的资产阶级革命，17世纪英国的资产阶级革命，18世纪法国革命，19世纪德国未遂的资产阶级革命，20世纪的俄国。人们往往会把注意力重点放在这些权力分割的革命上。但赫斯勒教授的洞见让他很清楚地意识到，对于现代国家来说，首要的问题不是多元性，而是国家的统一性的问题。因此，他能够撇开流俗对于霍布斯或卢梭的"绝对主义"的指责，而看到它们的合理性。他指出，在历史上，早期现代的国家理论就主张，国家权力的统一性应当预设某一个人或某一个特定的国家机构作为权力的承载者，也就是"主权者"。霍布斯或卢梭的理论就是这方面的代表。

赫斯勒教授的博学让他看到所谓的"现代性"其实是由西方因素构建起来的，希腊的理想与民主、罗马对私人财产的保护以及极端分化的契约化体系，基督教如何整合希腊的沉思与信仰的激动人心的理念，在西方世界如何激发目不识丁者的想象力，并为整个社会提供一种共同的世界观。西欧的封建制又如何发展出一种比雅典直接民主更高的政治原则。文艺复兴和新教改革为西方提供了新的人的概念，而资本主义的运作则是一种与这种新的对人的理解相适应的经济形式，因为它奠基于个体的平等和自由。

像赫斯勒教授这样如此包罗万象地罗列各种现代性

要素固然不错,但在我看来现代性最为重要的特征是现代的个体主义。在赫斯勒教授的罗列中尽管提到了这个问题,但这个问题对于他整个论述的核心意义似乎并没有得到恰当的强调。正如我们前面特别强调的,契约论是建基在平等的个体基础上的,而现代公民也是一个个体的概念;我们知道现代的个体主义是与新教改革直接相关的,每一个基督徒都直接与上帝联系,因此通过新教改革,个人主义在传统宗教上获得了某种正当性。同时,个体又预示了现代国家民主化的后果。由此可见,个体在这里起到了承上启下的作用。但个体自身显然是不自足的,无论是契约的概念,还是公民的概念都需要道德风尚或民族的支撑。因此,一种文化传统对于现代国家依然必不可少。这一重要的维度,在赫斯勒教授包罗万象的罗列中却被淡化了。

尽管对现代国家的本质及其在(西方)历史中的展开,赫斯勒教授做了细致周到的论述,但对于"从原始国家到希腊城邦、罗马混合政体、基督教的普世理念、基于分权法治的宪政国家,一直到民主国家和福利国家是一个不可避免的过程"这一说法,却表示了巨大的忧虑。1. 20世纪最恐怖的国家形式是极权主义国家,产生了历史上最大的罪恶,没有理由相信,21世纪能避免这一回潮。2. 世界性经济在发展,但世界性的治理却是匮乏的,国际政治领域之中的权力更迭依然可能导致战争的产生,而现代的技术水平使得战争常常是毁灭性的。3. 地球可能难以承载新兴国家如此大规模的经济增长,地球可能无法承受西方生活方式的普遍化。赫斯勒教授在此的断言依然是罗列式的。概言之,这里的根本矛盾是,在一个全球化的时代,一种基于民族国家的现代国家可能难以应对人类日益紧密的全球关系样态,无论是经济的、网络的,还是生态的。在这个意义上,我们确实需要重新理解国家的本质。

第四讲 自然法的观念：论证与反驳

为国家辩护意味着国家的存在以道德原则为基础，胜于不以其为基础。然而，这种辩护比最初看上去还要困难。对历史上存在的不同政治组织形式的简短考察表明，人们无法谈论（某一种）国家，而只是组织原则不同的多数国家，事实上它们当中的多数都企图将其他国家合并，或至少使其接受自己的特殊形式。因此，正当化的任务并不能等于一般意义上使国家正当化，而应当勾画政治组织的规范理论。然而，这种勾画本身就是政治性的，我们有理由害怕它被当作国家间和国家内部权力斗争的武器。因此，我必须赶紧说，理想国家的哲学必须与政治伦理相伴。换言之，我们要解释的政治措施，只有当它有助于理想国家的建立，才被允许。某种国家形式更好，并不意味着实现它可以运用所有手段。如果仅仅为了实现更高的国家形式，这些手段有可能导致政治混乱，使国家面临退回到现有水平之前的危险。因此，除了国家形式之外，重要的是解释国家为什么体现重要的道德成就，由此支持国家的道德为什么看上去应当受到尊重。

前面关于法律与国家的相互关系的分析表明，如果不评判一国的法律秩序——正是它保护和支持着国家——就无法评判这个国家。由于宪法也是法律的一部分，国家哲学表面上也是法哲学的一部分。然而，我们已经看到，强制并不是国家能够甚至必须使用的唯一手段，由此，政治哲学不能被等同于法哲学。因为至关重要的是，一个优秀的政治家应该能够汇集其他非强制性的手段。此外，假定理想情境能在现实中实现是幼稚的。某个时代的成文法总是接近于自然法，有时尽管它明显不公正，它违背自然法，当然也违背了公正的原则，但人们相信即便如此，这种违背甚至为实现更高层面的公正铺平了道路。相反，法哲学中并非所有问题都属于政治哲学的一部分。政治哲学会详细讨论宪法的规范原则，而对私法、刑法、程序法和行政法只是进行一般性的讨论。尽管我的《道德与政治》一书详细讨论了非理想化情境下的政治伦理原则，但在这次讲座中我只能勾画自然法的主要原则，也就是在理想情境下能够实行的，而不是放之四海而皆准的原则。但是，政治应当长期瞄准自然法形成的理想原则。

如果回顾自然法的历史，我们能够发现两种主要的发展策略。自然法传统中伟大的法哲学，尤其是德国唯心主义，首先讨论理性的私法和刑法，然后在此基础上讨论宪法，因为他们相信国家必须受制于在它之前产生的法律，才是正当的。与之相反，霍布斯也设定一些自然法原则，但他却在讨论宪法原则后，再讨论私法和刑法的原则，因为他相信，只有国家才能制定法律。第一种途径整体上占优势：财产法是公正的，并非因为它是由国家制定，而是它与某些重要的道德原则相符，而国家也受制于这些原则。然而，霍布斯在以下方面是正确的：国家的正当性并非仅仅依赖于它制定公正的法的事实。国家维护和平的功能更具有道德上的重要性，即使当它维护的法律是不公正的。防止国家解体比建立更加理性的财产法，在道德上更加紧迫。国家的价值并非仅仅来自公正和自由的观念，它们只是有时候实现，即使它们总是应当被实现。国家的价值源于和平的观念，许多国家（至少现代国家）在国内都已实现这种观念。事实上，历史发展表明，国家的复杂进展要落后于所谓"规范的国家学说"，它们只是在构建和平的领域进行，不管这种学说最初是多么粗糙。如果人们要等到所有自然法的要求都实现才建立国家，他们就不能推进规范的国家学说的发展。自然法与国家的循环论证在于，自然法以某种方式为国家提供正当性，但同时它首先必须通过国家来实现。要解释这种情况，首先必须简单勾画为什么普遍国家应当是其所是，由此才能转向解释制约国家的具体的自然法原则。

一、那些寻求为国家（尤其是现代国家）提供正当性的人，能从霍布斯那里学到许多，但也只是某些方面。我们应当承认，权力和立法的垄断能降低暴力冲突的风险。由于人性中的进攻性和自以为是，能够认同解决冲突的权威实属幸事，不管这种解决是公正还是不公正的。对于那些不同于霍布斯主义者的人，这也是幸事，他们坚持不能将道德领域简化为自私的利益——即使危害国家稳定有利于我的利益，通常道德上也禁止这样做。内战在极端情况下可能获得例外的辩护，但通常应当避免。然而，国家的正当性所需证明的，远远高于国家胜于内战这一点。这两种状态并非完全分离，人类历史上还存在前国家状态。霍布斯设想的无国家状态，根本上以他的内战经验为基础。但他对所谓的自然状态的描述只是部分正确，而且由于这种误解有助于他的进一步构想，他才对此有兴趣。由此，人们应当明确区分内战状态和前国家状态。内战状态认为存在丧失统一的国家：在英国内战中，克伦威尔能依靠议会的军队，他能够履行政治功能。那时并没有"一切人反对一切人"的战争，内战之所以血腥，只是因为原本统一的双方相互争斗。

霍布斯设想的反对一切人的战争在前国家的历史中也很少存在，当我们比较国家与霍布斯假想的替代物时，我们必须对此予以审视。几万年前的人类聚集的群体很少履行政治功能，并没有成为狭隘意义上的国家。由于我们显然不可能再回到这种群体状态，以下的问题可能是学术性的，但仍然具有哲学上的正当性——前国家状态难道不会更好吗？有很多反对建立国家的因素，这表明向国家的过渡并不能得到普遍同意。为了更好理解前国家状态的优劣，我们必须询问：首先，什么因素使国家稳定成为可能？其次，什么因素可能使一般意义上的国家获得胜利，以及最终使现代国家获胜？

为什么人们生活在前国家的组织形式中，比国家甚至是现代国家更长久？第一，人数更少，使得游牧部落中的摩擦更少。第二，他们可能的交往比早期国家在农业灌溉中的交往更简单。第三，道德风尚和家长权威的权力，以及强烈的归属感，使得部落中的冲突根本没有出现，或者被消弭于萌芽状态。霍布斯认为的那种自私的计算理性，以及对权力的贪婪，是后来历史发展的产物，因此原初的共同体要比他设想的更加稳定。在上述假设中，无国家状态完全可能甚至更加感性——但只是在上述假设的基础上。

支持国家的论证在于,战胜那些前国家的组织存在的历史假设在道德上是可欲的。如果更多人能从事更复杂的活动,相比传统道德享有更多自由,那么这种世界更应被选择。由此人们必须赞成国家,最终是现代国家。基于先验的理由,能够进行哲学反思的文化明显比缺乏反思的文化更优越。唯有更复杂的活动和更多自由才可能取得更重要的知识成就,至少在科学和哲学上如此。而且,以国家为前提的复杂的合作可以延长人类寿命,减少贫困和疾病。类似的论证支持从前国家状态向国家的过渡,没有国家,不可能发生工业革命以及由此产生的当今的自然科学,它们能养活更多人,使人们享有更多自由。最后,只有符合普遍主义原则的现代国家,才能保证社会中所有人的基本权利。

在取得这些成就及构建稳定统治中付出的代价并没有那么大,即使统治中伴随着前所未有的滥用权力。然而,国家尤其是现代国家的组织,能够限制滥用权力的风险。上述论证并不表明,前国家的群体比国家甚至现代国家更不幸福,因为对幸福的比较相当困难。但公正是比幸福更高的价值,现代国家声称自己能够比早期的政治组织更好地实现普遍意义上的公正。在这些支持国家的论证中,我们关注的是事实背后的评价,而不是它涉及的判断。对于后者,许多受制于国家强力统治的人肯定不准备付出这样的代价,如果不是被强迫的话。从历史上看,原初契约无论如何是不可能的,甚至规范的契约理论也错误地假定了所有人的偏好结构,即他们宁愿维护内部和平,而不愿面临缺少统治带来的死亡的威胁。而且,我们必须指出,国家的建立通常会带来更大的内部和平(暂时把国家滥用权力的可能性放在一边),但只要存在复数的国家,战争中面临的暴死的危险就仍然很大。从暴死统计的可能性来看,1916年一个二十岁的德国人暴死的可能性,几乎和同年龄的美洲印第安人一样高。

二、"自然法"的术语具有误导性,因为自然并不是规范的最终根据。从字面意义来看,自然法是所谓的"强者的法"(正如印度人所说的大鱼吃小鱼),或者具有生物学基础的道德风尚。尽管存在这样的风尚,它的起源并不能为其提供特殊的有效性。"自然法"指的更是一种与道德法相关的法,如果有人支持认知主义伦理学,就可以更好地称其为"理性法"。当然,自然法的内容取决于某人拥有的伦理,即使在这里我无法涉及《道德与政治》第三章的主要观点,我也必须简单地提及我认为的伦理的基本原则,这些原则在很大程度上追随康德,但并非完全如此。在我看来,伦理是理性原则,其主张具有确定的真理价值。规范的道德有效性并非来自经验的事实——即使如此，这当然也不意味着排除存在与规范相符的社会事实。我甚至认为，对世界的解释最终必然要渗透道德法则。与康德不同，我认为价值判断比规范判断更根本，因为规范是对价值的表达，由于价值的有效性是永恒的，规范预设一种违背价值的倾向，当这种倾向消失时，规范就变得多余。以下这一点我赞同康德：价值和规范都不能简化为自我利益。

理性道德需要从普遍原则开始，事实上普遍化的原则是任何理性道德的必要条件，尽管它只是在现代成为西方法律和政治体系的基础。它的核心思想在于，当且仅当所有理性人都有义务做或不做某些事时，某个理性人才会如此。对康德的绝对律令的反驳在于，它对于决定什么是道德，既非必要，也非充分：第一，尽管社会世界即将崩塌，人人自危，我可能还是想做哲学家；第二，一个人人有权利将他的同胞视作工具的世界，在道德上很难有吸引力。针对第一点的回答在于，一个道德人的准则实际上不是成为一个哲学家，道德的、普遍化的准则意味着，他试图做与自己天赋相符、与市场需求相符的事。只有依赖特殊的天赋和市场状况，他才被允许从事这一特殊的职业。国家与社会的差异，使得国家领袖或者甚至一个小官员都有必要拥有一个普通公民所没有的权利。根据普遍主义之前的公正概念，这样一位官员只有对与他职位相当的人，才应该以类似的方式对待他们。但普遍主义道德要求更高：在功利主义者看来，这要求差异的引入能够增加整体利益。尽管在特定情况下，功利主义能够为个人的不公正待遇辩护，它还是必然会被约翰·罗尔斯著名的公正的第二原则替代，即不平等"既应当符合每个人的优势，又要对处在各种位置上的所有人有益"。关于第二点，人们认为康德的原则不够充分。道德不能只是形式和程序的，而更需要基本的价值和善，这些应该以与普遍主义相符的方式得到尊重。然而，康德至少能为一种基本价值辩护，即人格（personality）。康德后来在《道德形而上学基础》中表述的绝对律令为，"根据人格行动，不管自己的还是他人的人格，同时总是把人看作目的，而不是手段"。尽管这种表述已明显不能等同于普遍化原则，康德得出上述原则，还是通过主张绝对律令的无条件的有效性必须扩展——任何能够理解它的人，其自身必须是目的。

　　康德继承了发源于基督教的悠久的道德传统，他主张只有动机才属于道德。然而，这与某种错误的观点相关，即认为只有动机才是善。事实上，动机必然指向它之外的东西，只有动机才能被称为在主观上是道德的（subjectively moral）——仅当动机指向的东西在客观上是正确的时候。

二者之间并没有必要保持一致：一个人可能动机卑劣地做客观上正确的事，另一个人可能按照纯粹理性做客观上错误的事。后者如何可能？某个行动可能有高尚的目的，但缺少正确的手段。康德明显低估了经验知识在寻求正确手段时的必要性，甚至有时将客观事物置于重要的道德概念之下。对于预测具有好的目的的行动可能产生的负面影响，经验知识也十分必要。由于这些负面影响只是在一定程度上可能发生，决定论和博弈论都是道德的有用工具。尽管理性决定论是价值中立的，它也并没有阻止我们用道德偏好代替主观偏好。

在对基本的道德概念的介绍后，让我们回到自然法的概念。在我看来，自然法是指建立在道德基础上的一套规范，它们可以甚至应当运用强力来执行，只要这样做是妥当的。因此自然法是评判成文法（positive law）的道德性的标准。如果有人拒绝自然法，就不可能在有关法律体系的不公正问题上，做出合理的判断，他也由此剥夺了自己根据理性价值对成文法进行客观评判的可能性。根据利益法学的精神，认为通过利益妥协足以形成公正的法，这种主张是荒谬的。利益当然是法律的重要对象，某种观念法学拒绝对其进行恰当的思考是不负责任的。但利益经常相互矛盾，这种矛盾通常如果不用强力解决，就只存在某种超越实际利益的标准。然而这种标准又不能被等同于利益，因为在相互冲突的根本利益上，又会出现同样的问题。

自然法原则允许哈特意义上的主要和次要规则的判断。自然法的最低限要求者认为，只有宪法规范才能被评价。由此，自然法只能要求某种宪政原则（例如开明专制还是民主制）以及它们会遵循什么样的个体法。这种将自然法等同于程序——例如尤根·哈贝马斯的商谈伦理学试图去做的——看似开拓了更广泛的自由领域，但却回避了我一直说的自然法观念的多层次的问题。对此而言，宪政结构一方面必须根据其内在价值做出评判，另一方面，我们必须询问，在其中自然法的根本规范被实现的可能性有多大。没有什么能保证两种评价标准总是一致。民主制本质上也许真的比非民主的政制更好，但在某种既定条件下引进更广泛的民主制，有可能无法得到更公正的财产法和刑法。这个问题在概念上就被最低限要求者回避，因为在他们看来，所有在公正的宪法基础上制定的法律本身都是公正的。但实际上人们不知道如何合理使用的自由不见得是幸事，抛开这个事实，程序主义的自然法观念显然是对自由的威胁。因为据此，我们的基本权利不再约束程序，毋宁说其存在完全拜程序所赐，程序任何时候想废除权利都可以。另外，认可根本的自然法原则意味着要限制制定规范者的自由决断权。但这种限制对那些受国家权力约束者并不是坏事，尤其当制定规范者是多数人的时候。

一种令人信服的自然法概念必须认真考虑各种不同事物。自然法不能取代成文法，自然法本身更负有根本责任，使成文法获得确定性，避免冲突，这仅靠理性无法形成。道德法不能满足于自身的公正，它必须导致法律的确定性。只有将公正与法律的确定性结合起来的国家，才能被称为"法治国家"。为了维系法律的确定性，哈特意义上对实证法规则的承认是受欢迎的，只要它并不称自己为法的有效性的真正基础。人们可以称某些用以制定刑法的规范很清楚，并用它来定义"形式"的自然法原则。在其中，自然法超越了自身，因为它认识到自己实证化的必要性。例如，对于某种犯罪在其施行五年或六年后，不可能有理性主张对法定追诉期的限制，但有关法定追诉期的期限问题，无疑可以提出理性的主张。在此意义上，永远存在与自然法一致的多元的法律体系——而法律体系的准则是不完善的。

即使自然法不能使实证法以及相关法律学者的努力变得多余，它也仍然是控制实证法的权威。某些实证法律体系的规范与自然法的规范矛盾，例如，纽伦堡种族法与自然法相悖。我们已经强调，即使从实证法律体系的消极判断自身来看，也并不能得出，人们没有道德义务遵守相关法律规范。为了在这种情况下做出决定，从政治伦理中得出的附加原则是必要的。一旦成文法与自然法相悖，自然法只能提供公正的法律规范的标准，并不能决定在此标准的基础上应当做些什么。实际上，即使对立法者而言，承认法律体系与自然法相悖，也绝不意味着他在任何情况下有道德义务去改变它。因为最好的法律体系只有当它深深植根于道德风尚的土壤，才能得到社会的承认，否则对它的引入通常意味着自我毁灭。使别人冒生命危险，甚至使得他的牺牲可能毫无意义，这并不是通常的道德义务。但对自然法观念的拒绝，只会导致长期变化中领袖人物的灭绝。

自然法理论被历史主义拒绝，因为它忽视了法的历史性。实际上，19世纪的法律史和法社会学都通过避开自然法传统的理念来定义自身。然而，维科和孟德斯鸠表明，这两种路径并不一定相互抵制，甚至最有差异性的法律体系也并不与自然法理论的基本观念冲突。法律史处理实证法的历史，有时也处理一些自然法的观念史。但作为道德的子集，自然法是永恒的，而它被人类发现和实现则是时间性的。人类历史代表了实证法逐渐（但绝不是不断）接近自然法的理念的要求。我们很容易解释，为什么在道德观念的发展和实证法律体系的观念发展之间有关联。既然道德意味着能决定我们的行动，法律体系不可能不受其影响。因此，现代道德普遍主义与人权观念的知性联系是显而易见的。

进一步说,普遍伦理学和自然法理论包含情境义务。法律并非只具有内在价值,它在大部分情况下被设定为目的,在不同情境中,以不同方式来实现。因此,各种文化中不同的法律规范只能通过不同的情境结构,才能得到辩护。例如,我们可以理解,对待同样的犯罪,不同民族惩罚的力度不同——由于生态学前提的差异以及民族性格的不同,这会产生不同的后果。而且,不同民族对同样的惩罚也会有不同的体验。惩罚应当是公正的,但也应当是一种威慑,同样的惩罚不可能在每个地方都能实现其目的。然而,在此情况下,只有不平等才是对根本平等的表达——因为具体的小前提的不同,规范的大前提会导致不同结论,对此能予以平等的尊重。举两个例子:越是缺乏良好的环境,对垃圾管制的规则就越严格;一国越是受到内部暴力冲突的威胁,紧急措施的有效性体现得越快。但这两个例子之间存在根本差异:与第二个例子相比,在第一个例子中,国家对情境结构所负的责任更少;但国家具有绝对义务,通过限制冲突的政策,避免紧急情况的出现,这在第二个例子中是作为情境义务来履行的。

而且,形式自然法有义务尽可能使实证法体系保持连贯。自然法的要求不能等同于这种义务,但后者意味着自然法原则有时候可以强制我们承认，某些与自然法矛盾的实证法是有必要的，但在特殊时刻不能改变的成文法的基本规范不在此列。自然法自身要认识到，如果法律体系要保持某种使其正常运转的连贯性，就不能总是改变从属于自然法的规范。整体连贯的法律秩序有时胜于将合理的与不合理的法律规范不连贯地拼凑，即使这一秩序仍然被根本的自然法的要求排除。进而，合理的自然法理论承认，每次立法在保护自由的同时，也要限制自由，立法和执法的成本都不应当过高。例如，公平税收是一项重要的自然法原则，但超越一定限度，增加的税收公正与过分的税收官僚制相关，致使那些本应当从税制的完善中受益的人也纷纷"中枪"。在此情况下，自然法本身应当要求人们满足于某种大约的公正。

自然法观念最流行的一种反对观点认为，自然法使成文法承受过重的道德要求，这威胁到其履行调和的功能。这种反对很重要，对道德与自然法关系的恰当的决定实际上是法哲学的核心任务之一。有关这种反对，可做如下回答：首先，自然法的优越性恰恰在于与成文法相比，它能够解释国家为什么不能寻求不道德的事物，为什么不能禁止道德义务。为了实现自由，国家根本不能寻求那些对道德冷淡的事物。有关马路上沿着左侧还是沿着右侧驾驶的国家决定并不是反例：国家在制定交通规则时，具体的决议并非来自于道德,但如果有必要为了不危害人的生命,人们就能从道德中引出交通规则。

其次,自然法是道德规范的一部分子集。不是所有道德义务都可以通过强力强加,道德本身禁止这样做。根据自然法概念,法律不应当成为最低要求的道德(那样就掏空了所有道德规范),但法律能实现的要求当然比道德的整体要求要低。自然法理论的合理性关键取决于,能否成功地区分个体道德的义务与自然法的义务。如何划分恶的界限?为什么道德义务恰恰放弃通过强力来履行,即使有可能这样做?先从第二个问题开始:由于几乎不可能发现其他人的信仰,或迫使他人具有某种信仰,所有强制措施都不能不停留在信仰领域之外,尽管国家不应当对公民的思考方式无动于衷。法律面对的思想自由的压力并不仅仅来自于不能对此施加相应的影响。即使有可能将某种道德观念注射到某个人脑内,例如通过催眠术,这样也会破坏构成道德的前提——道德决定源自个体人格。因此,这种强制的道德观念,讲得严重些,根本不再是道德。同理,那些因为仅仅表达了某种信仰而具有价值的行动也是如此。参与宗教仪式,却没有相应的内在的虔诚,是亵渎神圣;只有当法律体系在规范意义上对宗教冷淡,它才会使这种参与成为义务。同样,强制的感恩是对感恩的冒犯,与那些卑鄙的忘恩负义者打交道也要胜过那些依赖强制的感恩。实际上,即使那些并非某种信仰表达的道德行动成为法律义务,我们也不可能知道,别人甚至自己做好事是出于对惩罚的畏惧,还是出于对道德法则的热爱。只有当个人能够确定他的道德行动来自于自己的选择时,才能发展出更强有力的道德。

在道德(狭义的)与自然法的规范之间划分恰当的界限,这是非常困难的。在现代哲学家中,只有两件事没有争论。其一,信仰从来不能成为自然法的主题。实际上,在去除有关信仰的规范之后,在广义的道德规范与自然法规范之间,仍然存在大量补充。其二,根据普遍主义伦理学,平等对待,至少使成年公民之间平等对待,显然成为自然法必不可少的最低要求。更广泛的自由中的平等,这包含道德失败犯错和道德犯错的权利,是自然法的核心。这种自然法观念多与自由主义法哲学的基本观念相关。自由主义法哲学的本质偶尔也会被看作将自然法等同于自利。然而,前者中自然法的基本观念显然并不必然与后者中的基本观念密切联系。例如,就宪法而言,黑格尔是前者意义上,但却非后者意义上的自由主义者。霍布斯是后者意义上,但却非前者意义上的自由主义者。那种基本观念当然有吸引力——如果有知识的魔鬼,即那些审慎的自利者,能在理性自利的基础上满足自然法的需求,这当然很好。恐怖的宗教战争建立在狂热的信念上,宗派的同一是在一国共同生活的必要条件,尤其在此之后,试图找到最低可能的公分母当然可以理解。但在这样的基础上不能得到什么。以纯粹自私为基础,无法解释一个病入膏肓、聪明的施虐狂为何不应当满足他的所有欲望——因为他无论如何都要死,人们几乎无法用超出死亡的东西威胁他(不针对那些愚蠢的魔鬼,他们不能理解霍布斯的观点)。一群魔鬼无法建立国家,因为他们首先会因相互猜忌弄得精疲力竭,这一点没什么好感叹的。既然国家事实上存在,还是明显要有足够大量的不是魔鬼的人。国家能够宽容有限的部分魔鬼,真正的问题更在于,国家如何强制这些魔鬼将他们的邪恶限制在可以容忍的程度内,而不是国家怎样说服他们自愿遵守自然法的规范。拒绝撒旦式的国家概念自然并不意味着,所有人甚至大多数人都是天使。詹姆斯·麦迪逊在《联邦党人文集》第五十一章中的观点是对的,"如果人都是天使,政府就没有存在的必要",因为那样强制的威胁就变得多余。人的境况介于两个极端之间,既能为惊人的恶,也能为惊人的善,这样的物种恰恰需要政治,也能够驾驭政治。

这种思想发展是多么合理,以至于那些想将自然法建立在理性自利基础上的契约论理论家很快就构想出虚构的自然状态,由此订立契约,从而带来与这种自然法相应的制度。该问题由罗尔斯最强有力地解决,他通过虚构原初状态下的契约,将自然法等同于没有具体偏好的抽象个人的理性自利。这种对个人的抽象是愿意接受自然法引导的人必须履行的道德使命,但理论家罗尔斯并非寄希望于个人去实现,而是通过理论构建来实现,而且允许这种构建由理性自利来引导。然而,原初状态下的决定结果取决于构建的个人是具体的还是抽象的。如果个人意识到自己的经济能力,又是自利者,他就会根据自己的个体情况,或者部分支持,或者部分反对再分配。如果个人没有意识到自己的经济能力,他们的决定取决于是否愿意去冒险。另一方面,如果个人属于罗尔斯认为的"最小化的人"(minimal persons),原初状态下的决定结果就是平均利益的替代原则,即使个人拒绝也如此。事实上,作为罗尔斯的基础的个人是更加具体的,但却仍比有血有肉的人更抽象,他这样做是想达到既定的结果。罗尔斯的循环论证是显而易见的。他的巨大贡献在于早在1971年就触及这一核心问题,但有关代际契约的观点却误入歧途。问题恰恰在于这种设想是否足以解决我们的问题,汉斯·约纳斯的贡献之一在于否认了这一点。

遗憾的是，我不得不承认以下有关在个体道德义务与自然法义务之间划界的问题，我提供的解决路径也只是不充分的思考——不论契约理论模式的失败是多么明显。这并不令人满意，但我认为它比砍掉太多东西的明确划界要好——砍头并不是解决头痛的最好办法，即使我们承认它确实能比其他方式更有效地消除头痛。

我首先讨论清晰准确但还是简明扼要的途径。费希特是这种德国经典的自然法的代表，因此我先简单介绍一下他的理论。根据费希特的《自然法的基础》，（自然）法律关系是有理性的人之间的关系，"每个人要通过设想他人可能的自由来限制自己的自由，同时他人也以同样的方式来做"。从这个概念中，费希特得出一些重要结论。第一，由于法律义务在严格意义上是相互的，法律关系只能存在于人与人之间；即使保护动物的行动在他看来也是违背自然法的。第二，未成年人的法律义务无法设想。比今天支持合法堕胎的人更加一以贯之，费希特赋予父母杀死孩子的权利。逻辑上，他应该主张一直到孩子们有自我意识，但他也认为父母自己有权确定孩子什么时候是成熟的。根据费希特的观点，代际间的公正根本就没有规范（即使费希特在这一点上并没有这样明确表达），一方面，那些还没有出生者不可能具有事实上的自我意识；另一方面，后代为那些当今活着的人做了些什么？按照费希特的原则，事情对那些心理残疾的人也并不有利，尽管他没有提出这个问题。第三，死去的人没有任何义务。在费希特看来，遗产法并不是以死者的权利为基础，而是以当前活着的人的利益为基础。他们通过尊重即将死去的人的意愿，等到自己离去的时候到来，自己的遗愿和遗嘱也更有可能得到尊重。第四，自我没有法律义务。一个人想怎么对待自己都可以，但涉及他人，任何事都要他人的同意。

费希特对自然法范围的界定不同于另一种设想，即所谓的"自由至上主义"的方式，二者从来无法相容。费希特拒绝更窄意义上对自然法和道德的区分，即主张自然法关注不作为，道德关注作为。在他看来，根据自然法，在紧急情况下，人们有义务提供帮助。在他后来的《法的学说》中，他甚至支持福利国家的构建。但根据极端的自由至上主义——正如威廉·冯·洪堡在《一种尝试确立国家有效性的界限的设想》中提出的，以及罗伯特·诺齐克1974年在《无政府、国家与乌托邦》中更加极端的表达——福利国家与自然法观念相悖。根据这种立场，具有道德正当性的最小国家不能进一步限制自由，而必须保证他人的行动自由。对富人征税以帮助穷人，已经超过这些界限。

在我看来，自然法可以通过强制措施来施行，但与提供积极的裁可或说服相比，强制的作用方式在道德上更加成问题。只有当不进行强制会造成更大的邪恶时，才可以进行强制。例如，没有合法的强制，另一种对强制的运用也会产生；合法的强制至少是可以允许的，它在有必要防止不正当的强制时，甚至可以作为义务。当强制侵犯了法律秩序保障的主体权利时，它就是不正当的。主体权利并不依赖他人的恩赐，但必须被尊重。拥有主体权利的意识（在前普遍主义的法律体系中许多人都没有），比任何东西都能增加个人的自尊。然而，个人能够放弃主体权利（例如财产），这样做经常会基于道德的理由。但对自己权利的自私使用，在道德上会受谴责，却为自然法所允许，至少这样做不会伤害到他人即可。

自然法的决定性规范主张，强制可以用来保护授权者的权利。但一方面，个人的保护不及公共的保护有效；另一方面，相互的畏惧和猜忌很容易导致防卫和侵犯行为之间的界限被抹除，将保护授权给可靠的公共权威就成为一项道德义务。由此可以得出，国家被允许甚至有必要采取强制措施确保每个人的安全，这里包含着国家的基本任务。国家不能只保护那些能够自我保护并授权给国家的人，如果契约理论中自然法的正当性被拒绝，强力还是要被运用来保护那些无助者（例如孩子和残疾人）防范强力的袭击。

什么权利可以细分，怎样细分？权利可以从形式和实质的角度进行划分。我们首先可以划分前政治与政治的权利，后者意味着有助于形成成文法的权利。进而，我们可以区分不作为的权利（指免受干扰的自由权）和行动的权利，国家的权利属于后者。关于国家的积极行动权——即国家对个人权利的保护，使其免受他人干扰——应该与狭义上的积极受益权区分，后者属于基本的社会权利，而且所有的基本权利都能通过组织权利和程序权利来保护。

有关实质的划分，问题在于法律保护的具体对象是什么，即在特定情况下，什么可以被运用强力来维护？至关重要的是，人的核心领域应当被保护。作为有机体，人的真实性体现在其有朽的身体，它应当被保护，防止对个人生命和健康的侵袭。但如果一个人只满足于保存自己的生命，他就不具备真正的人格。他需要可以施展自己的计划和设想的行动领域，从而保持自尊。对个人宗教和良心自由、言论和行动自由、结社自由的保护，都源自于人格的概念。以监禁来威胁严重违背人权，为了道德或爱强迫他人做某事，这是带有羞辱性的强制。个人权利还包括对私人空间和隐私的保护，防止社会侵入。只有当出现重大危险时，个人的家庭、邮件和电话不受侵犯才可能受到限制。

作为有机体，人依赖于摄入的食物，也就依赖与外在世界的合作；作为自我决定的存在，人需要承担责任的行动领域。对财产的保护是国家的第二项基本任务。不同于事实上的拥有，财产以法律认可为前提，其最高形式通过国家体现。一般来说，人的生命是不容否认的事实，国家只有认可，但成文法首先要确定哪些财产不同于实际权力支配的物品。国家制定的财产法仍然要受制于道德原则，其中包括赋予成文法确定性的自然法。因此，国家不需要保留对物品的实际分配权（例如，财产调节法能够有效提供对个体财产权的限制，以有利于社会），但也不能任意对财产进行再分配。最后，作为社会人，人们依赖最小的普遍认同，即"荣誉"，没有它，个人的行动不可能是社会性的。个人的名誉和形象对其认同有重要贡献，就此而言，这些也必须被法律保护。

对他人权利（不只是利益）的保护会导致个人的行动自由和言论自由受到限制——后者的程度较轻，因为言论对他人的基本权利的伤害要比行动小。个人有权说些愚蠢的话语，但基于保护他人的自尊和荣誉的重要性，不允许出现谣言和诽谤。个人由于自己的错误会丧失某些权利，例如，违背监狱规章的罪犯会失去运动的自由。然而，即使没有错误在先，个人的权利也会被限制，例如在合法征收中，公共利益远远高于私人利益或原本应进行的赔偿；或者患某种传染病的人被限制行动自由。当然，这其中可能存在严重危险，必须采取制度防范，防止滥用限制权利，保证没有必要不得对其使用。如果满足上述条件，这种限制甚至能成为义务，因为公民当然有权利抵制流行病。并非所有基本权利都具有同等价值——生命权是至上的，不能用其他权利来反对它。考虑到最非理性的宗教也对道德责任的认同意义重要，对宗教自由的干预不应该经常发生。但这种干预可以允许，如果宗教活动违背更基本的权利，例如，一个人的孩子有必要进行医学治疗，却因宗教的理由拒绝治疗。

对行动自由的限制经常被认为是对自由的限制，因为对自由的理解通常是做任何想做的事。但黑格尔的二律背反很深刻：自由首先是在限制中实现。对此有两点考虑：第一，人是社会的存在，社会性不是对天性的限制，而是天性的充分实现；第二，自由的最高形式指向纯粹有效性，如果它规定了对任意性的限制，这种限制体现的是自由。现代人沉浸在扩大个人任意决定的领域，这很容易导致对最弱者权利的不尊重。与此相反，道德人在自然法的限制内行使自由，几乎不用担心超越被允许的范围。极端的自由至上主义低估了决策过程和限制可能选择的成本——不受限制的充分选择可能是一种折磨,因为它使人们分不出轻重,同时也使人承担过重的责任,人们由于要适应他人各种不同的期望,从而受制于难以捉摸的压力。

根据自然法,生命、财产和荣誉是法律保护的对象,这意味着如果它们受到侵害,可以采取强力抵制。但国家也可以强制人们积极地保护它们吗?也就是说,自然法层面上是否存在狭义的积极的权利?这个问题不容易回答。一方面,在道德中,已经存在作为与不作为的不对称。谋杀是比使他人饿死更严重的罪行。既然自然法是道德规范的部分子集,人们倾向于认为只有禁令才属于自然法。黑格尔是诸多思想家中这种观点的一个代表者:"结果是权利领域中只有禁令,该领域中任何积极的命令最终都诉诸禁令。"第二种解释主张,也存在诸如"你应该以你的契约为荣"这样的法律责任,但由于没有义务进入契约,责任事实上只是意味着不要违反所说的义务。进而,为了维系警察、法院和军队,纳税的义务只是产生于某种希望,要对国家说"是",以确保法律禁令的实施。另一方面,为了回答上面提到的问题,我们不仅要考虑作为与不作为的差异,还要考虑紧急状况中法律保护的对象的价值。由于人的生命是至高无上的,财产与之无法比拟,为了帮助那些缺少基本物品的人,即使广泛的征税也是有道理的。由此可见,为了社会的利益，必须对个人财产权予以限制。谈及一个挨饿的人的"自由"，只是一种讽刺。首先战胜饥饿，提供受教育的机会，才能创造自由和保证基本权利。实际上，我们不能认为一个快要饿死的人偷东西吃是不道德的，因为他为了更高的善牺牲了较低的善。由于政府的任务是防止无政府状态出现，它必须通过法律再分配，防止出现上述的危急状况。一个社会越富裕，对奢侈品征税的限制越小，越与自然法相悖，这是国家对基本贫困和危难的漠视。最后，国家权力的增加削弱了原有的承担社会保护任务的制度，其中已由国家渗入。慷慨的保守主义者有时反对福利国家，因为它毁坏了个人慈善捐赠的文化和个体的道德结构。很遗憾，我们无法否认这种情况经常发生。例如，家庭成员照顾一个残疾的孩子是义不容辞的，这在强度上完全不同于国家设施提供的帮助。但慈善捐赠和家庭关爱有时会带来最大的不公正——一个饥饿的人，即使他不住在慷慨的人附近，也有权利受到帮助。一个残疾人，即使他没有亲戚或他的亲戚缺乏善心，他也有权利受到照顾。而且，一个福利国家的建设以并非从中获利的人为基础，这当然是一项道德事业，它不会由于成为习惯而消失——这正是共同体的美德。

然而，与免受干预的权利相比，国家确实很难认可积极受益的权利。对免受干预的权利的保护也需要一些特殊的组织，但福利国家不仅必须支付被委以社会任务的官员的工资，而且还要给那些需要的人发放社会福利。人们无法想象这种现实的场景，因为人与人之间互不使用暴力，这在原则上是不可能的。但人们很容易想象这样的场景，不可能满足每个人的基本需求，因为社会无法得到足够的供给。而且，我们不得不承认，对免受干预的权利的保护比对积极受益的权利的保护更加紧迫——由于少数人捐助，靠乞讨也可以谋生，尽管多数人对此冷眼相看；被谋杀犯（不是指杀人的国家）追捕的人，生活得也相当艰辛。最后应当指出，对积极受益权利的保护表面上违背了平等，因为只有富裕者才被强制做出贡献，但这种印象只是一种幻象，因为对法律权利的违背实际上有助于形成更广泛的事实的平等。

由于能够实行是权利观念的必要部分（这比道德义务的观念要更强有力，不只是可欲的问题），近年来诸多放开了的积极受益的权利得到批准，这实属不幸。对发展中国家而言，如果经典的免受（国家以及第三方）干预的权利真正得到保障，就将获益良多；仅仅宣布每个人都有工作权，不值得写到纸上，如果同时没有提出如何对该权利予以制度上的保障的话。实际上，这只会危害到权利观念的神圣性，权利必须要与国家的目标区分开。保护少数权利，比宣布诸多没有结果的权利，显然更有益。当人们讨论根本无法通过强制方式实行的权利时，这实在太荒谬。孩子当然渴望得到父母的爱，那些不爱孩子的父母通常会受到道德的谴责。但论及孩子有权得到父母的爱是荒谬的，因为某人不能被强制去爱他人。没有什么比财产诉讼更悲惨，其中在争夺某个物品的背后，隐藏着无法实现，也不能实现的渴求，即对父母的爱进行公正的分配。还有通过法律裁决邻里纠纷，在其中反对者希望借助国家的垄断力量，认同对方的性格古怪——以前，这并不属于法律的范围，因为他们的问题无关乎公正（法律之外的文化机制来调节此种冲突，例如宗教，更具有令人羡慕的魔力）。

权利观念逻辑上包含对他人的相互的法律义务。如果某人有生命权，就没有任何人可以杀害他，并且每个人也不能用强力这样做。因此，相互的不作为对每个人都是必要的。如果所涉权利属于积极受益的权利，某人就必须履行相应的义务，来提供社会福利。在此情况下，许多人都要为此纳税，国家也为此设立一个相应的管理部门。如果免受干预的权利蕴含着普遍的执行者，那么积极受益的权利则对应着一个既定的执行者。我们承认约翰·芬伯格的观点，日常生活语言中，权利有时指"宣称要做……"，而并不必然是"宣称不要做……"一个挨饿的孩子有获得食物的权利,而不是已经决定谁应当解决他的饥饿。但如果我们在自然法的意义上谈权利,就意味着有道德义务构建一种政治秩序,其中具体的人有法律义务来实现该权利,这些人当然不是个人,而是由社会付工资的公职人员。如果权利不包含义务,就不成其为权利。但人们必须区分两种权利:相对的权利,它从具体的法律关系中产生,赋予特定的人,比如要求损害赔偿;以及对每个人都有效的绝对的权利。

从权利与义务观念的相互关系来看,逻辑上并不能得出,拥有权利者也必须拥有义务。小孩子和有严重精神残疾的人可能就是反例。当然,如果他们侵犯了他人免受干预的权利,也可以对他们使用强力,但他们至少没有义务的观念。尤其是并没有特别的提供积极利益的义务与积极受益的权利的一致。当然我们必须承认,权利与义务的广泛一致是可取的,因为它很有可能促进权利的实现。例如,世界上如果只有少数能工作的人,大部分都是残疾人,后者几乎无法被养活。但有些法哲学家错误地将这种可取的一致变成前面提及的权利与义务相互关系的逻辑后果,由此阻碍了为无助者的权利(至少是积极受益的权利)着想的可能性。同样,我们应该强调,我拥有权利这个事实并不必然意味着尊重权利的义务要不考虑他人。孩子有权利去上学,没有人可以阻止他,但孩子也有相应的去上学的义务,因为只有这样,他才能变得自主。芬伯格称这些权利为"必要的"(以区别于"随意的权利")。

权利向积极受益权利的让步,其直接后果是对以下观念的排斥——它由费希特和密尔代表——认为根据自然法,每人都能对自己能做任何他想做的事。从道德的角度来看,自杀显然没有谋杀那么坏——尽管没有正当的理由,也不会允许自杀;自杀在特定情况下为何时死亡的决定权提供了基础。即使这两种情况下都损害了人的生命,但谋杀违背了他人的意志。因此,有人可以为拯救一件对他特别重要的艺术品而献出生命,但他不能牺牲别人。实际上,在著名的矛盾情境中,他要从燃烧的普拉多博物馆中救起的不该是那幅名画,而应该是那个孩子。然而,这并不意味着每个人都能对自己做任何事,尤其是当他折磨和危害自己的后果要由共同体为此承担责任的时候。对家长制的拒斥值得讨论,但只有在如自由至上主义者那样拒绝狭义的积极权利时才能如此。如果吸毒者有权利向国家求助,那么国家也有权利阻止吸毒的传播。以行动自由的名义拒绝对那些危害自己的人施以强制(以帮助他们),同时又强迫那些没有处在此种情况下的人,去帮助那些危害自己的人,这是明显不公正的。与此相反，阻止他人危害自身将更加合理，如果能伴随这样的认同，即我们有义务增进团结，帮助他人解决困难。肯定有许多经验的论证反对强烈的家长制，这会导致国家权力的滥用和个体责任的减少。这里我仅仅关注这个事实，它无法被任何法律理论中的基本观点驳倒，除了那种认为任意自由的价值高于人的生命的可疑观点。

（孙磊　译）

实质抑或程序自然法？
孙小玲教授对第四讲的回应

如果说德性或者卓越乃是取中道而避两端，而实践智慧（phronesis）即在于命中这一困难的中道，那么，赫斯勒教授的讲演在我看来恰恰体现了这样一种实践智慧，并在对每一充满争议的问题的处理上都表现出令人钦佩的敏感、开放和清晰性。所以，在以下的回应中，我主要将对这一演讲的主题和内容做些解释，并且强调一些要点。当然，我也将就有别于程序（形式）自然法（procedural approach to the natural law）的实质自然法（substantive approach to the natural law）的基础提出一些问题。

在这一讲演中，赫斯勒教授试图从自然法理论出发为国家提供一个正当性证明，这同时意味着建构一个能够对具体国家做出评估的关于政治制度的规范性理论。所谓"自然法"，按照赫斯勒教授的定义，意味着一组基于道德考虑可能甚至应当被强制实施的规范。自然法是"在理想情境下能够实行的"理性法，并因此提供了"评定成文法的道德性的标准"（赫斯勒语）。显然，赫斯勒教授寻求的正当性证明主要应用于一个国家的法律秩序（legal order）。这当然意味着法律秩序，在赫斯勒教授看来，是国家最为本质的构成要素。在这点上，赫斯勒教授显然继承了康德以来的德国唯心主义传统，在这一传统内，政治哲学首先是关于法或法权的理论。尽管如此，赫斯勒教授随即做了两个告诫：其一，这并不意味着国家可以被视同为法律秩序，或者说政治哲学可以被还原为关于法律的哲学；其二，我们同时必须说明哪些建构一个理想国家的政治手段是道德上可允许的。后面一个告诫尤为重要，因为20世纪见证了太多以高尚的政治理念之名造成的灾难。

赫斯勒教授接着阐明了他的自然法理论的基础和基本原则。在将自然法视为理性法这一点上，赫斯勒教授承认他主要继承了康德的理性主义与认知论的道德理论。当然，他更加强调体现于康德人性法则中的人性的价值，这在他看来多少纠正了康德伦理学的形式主义。追随康德和黑格尔，他批判了将价值和规范还原为自我利益的霍布斯的政治理论，在霍布斯的契约论中，自然法只是国家（主权者）立法的结果。但是，在赫斯勒教授看来，自然法先于国家，是理性认可的法律。从这一观点出发，他也批判了实证主义的法律观，但同时却也明确表明：虽然自然法构成了成文法的限制，但法的实证化（positivization）——即建构成文法——对于自然法不可或缺，甚至可以说它是自然法的义务。

为了捍卫其实质的自然法理论，赫斯勒教授进一步批判了哈贝马斯和罗尔斯代表的程序论和形式主义的自然法理论，包括哈特（H.L.A. Hart）的最小化理论（minimalist theory）。与实质的自然法理论不同——这一自然法理论首先致力于建构一些最为基本的原则，程序自然法理论认为我们只要设置一个理性和公平的程序，这一程序导向的任何结果都是理性和公正的。罗尔斯的原初状态（original position）就可以被视为这样一个程序，按照罗尔斯的观点，在这一原初状态，理性的、互不关心的个体被置于"无知之幕"（veil of ignorance）之后，不知道任何让他们能够追求自身特殊利益的信息，并因此不得不在制定原则时为所有（每个）人而选择。所以，他们选择的原则就必定是正义的，即是说已经获得正当性证明，因为"公平的程序将其公平性传导给了其结果"。[1] 罗尔斯的"作为公平的正义"即表达了这一程序的正义观。

这一程序的自然法理论，在我看来至少有以下两个显

---

[1] John Rawls, *A Theory of Justice*（《正义论》），Harvard University Press, 1971, p.86.

而易见的优点：从哲学上来说，它避免求助于某些很难被证明的形而上或先验理念；从实践来说，程序不仅构成了对其所表达的理念（比如公平）的原则性解释，而且也为原则应用于实践提供了可操作的方式。尽管如此，对程序的过分强调显然会导致某些问题，正如赫斯勒教授指出：对于正义或自然法而言，程序不仅不够，而且可能构成对自由的威胁。因为按照程序正义观，"我们的基本权利不再约束程序，毋宁说其存在完全拜程序所赐"（赫斯勒语）。比如我们至少可以想象，在罗尔斯的原初状态中，互不关心的人们可能选择了违背基本权利的原则，或者因预感到他们之间利益不可消解的冲突（即使他们并不知道自身特殊的利益）而无法达成任何协议。

在赫斯勒教授看来，程序正义的问题可以被部分地追溯到罗尔斯继承的社会契约论传统，正如社会契约论依赖于商业契约的概念，罗尔斯也试图基于理性选择理论来建构他的程序。但问题是，被社会契约论用于政治语境中的"社会契约"是否可以被视同为商业契约？因为商业契约总已经预设相关的成文法，但社会契约，作为制定法律的机制，却必须至少先于成文法，当然，社会契约，比如在洛克那里，事实上已经预设自然法，所以，洛克也常常被归入自然法学家。

事实上，或许并不存在一个统一（uniform）的社会契约论传统，毋宁说，正如塞缪尔·弗里曼（Samuel Freeman）所见，至少有两种不同的契约论传统，即基于利益（interest-based）的契约观和基于权利（right-based）的契约观。如果说霍布斯及其当代的追随者，诸如高西尔（David Gauthier）的理论属于前者，那么，洛克、卢梭和康德的契约规则与后者更为相契。而罗尔斯继承的乃是后一种契约观，正如他自己表明——在提到契约论传统时，罗尔斯并非偶然地略过了霍布斯。所以，归根结底，罗尔斯原初状态中的参与者并非霍布斯的纯粹的利己主义者，而更多的是与洛克自然状态中的人那样已经具有某种正义感，这事实上解释了"无知之幕"何以可能为他们所接受，而并非完全强加于他们。（此处的情形或许类似于哈贝马斯商谈伦理学［discourse ethics］中的理想语境。）换一句话说，如果说采纳实质自然法原则，按照赫斯勒教授的说法，"意味着要限制制定规范者的自由决断权"，那么，在罗尔斯的程序理论中，原初状态中的规范或原则制定者的自由也同样已经受到"无知之幕"的约束。并且，"无知之幕"对于罗尔斯来说，以一种程序性方式表述了康德的平等的道德人格的理念。罗尔斯由此可以宣称，为原初状态奠基的正是康德的普遍性法则的程序性蕴含，并且是在与康德的目的王国的理念的关联中理解这一普遍性法则。

所以，罗尔斯之诉求于社会契约论的一个目的，正如他自己表明，是为了强调正义原则建构必需的"复多性"，也即是说，对于罗尔斯来说，法律必须基于复多的主体的理性同意或协议（agreement）。在此，协议或契约的观念构成了伦理正当性证明的框架。这一基于协议的证明，正如弗里曼指出的，"根据的是这样一个自由主义观念，按照这一观念，社会性规则与机制的合法性依赖于受到这些规则约束的人们的自由与公开的认可"[1]。当然，这一自由主义观念最终基于的仍然是康德式的平等的道德人格的理念。就此而言，罗尔斯式程序与其说证明了，不如说是预设了这一理念，乃至于可以说是这一理念的程序性表达。

当然，如果哈贝马斯和罗尔斯的自然法理论不能被还原为"纯粹"的程序正义，那么，两者就必须解释指导其程序设置的理性限制的来源，就此而言，赫斯勒教授对程序自然法理论——无论其是否最小化版本——的批判当然是有意义的。

在拒斥了程序的自然法理论后，赫斯勒教授转而阐释

---

1 Samuel Freeman, *Justice and Social Contract*（《正义和社会契约》）, Oxford University Press, 2007, p.17.

他的自然法理论的一系列实质性原则，他承认，这些原则已经基于自由主义传统的权利说。所以，自然法被界说为在政治意义上可以被强制实施的法律，这些法律旨在保护我们的基本权利，即作为道德人的公民应当平等享有的自由权利。在此，比较突出的是赫斯勒教授对公民获得积极利益的权利（rights to positive benefits）的强调。在赫斯勒教授看来，公民有权要求国家支持其满足最为基本的物质或者说福利需求，因为在这些需求不能得到满足的情况下，公民的自由权与政治参与权均不可能得以实现。除了从自由权利的实现一点来论证获得积极利益的权利之外，赫斯勒教授在此似乎同时诉求于在诸如阿奎那的自然法中得到强调的生命的内在价值的观点，并指出"由于人的生命是至高无上的，财产无法与之比拟，为了帮助那些缺少基本物品的人，即使广泛的征税也是有道理的"（赫斯勒语）。尽管如此，他也提醒我们，在正常情况下，否定性权利（即自由不受干扰的权利）仍然比肯定性权利具有优先性。总体而言，就他的自然法理论的内容来看，赫斯勒教授的观点与当代自由主义中平等主义的（egalitarian）权利论非常相似，基本倾向于支持某种民主的福利国家制度。

不过，正如赫斯勒教授表明，虽然与黑格尔相似，他也赞同自由主义的自然法理论的主要观点，但他却反对其中的某些理论——尤其是试图将自然法解释为自我利益之间妥协的契约论模式——的基础性假设,这也明显地见于他对契约论的黑格尔式批判之中。在上文中,我事实上以罗尔斯的理论为例,为社会契约论及其当代的一些变式做了某些辩护。除了霍布斯式的契约论,其他契约理论并不能被笼而统之地视为完全基于自我利益的理论。他们的理论基础并非自利,而是人们之间的理性同意,这一理性同意的观点表达的乃是民主立法的程序(procedure of democratic law-making)。在此,正如卢梭所坚持的那样,只有作为真正的主权者的人民所立的法律,才是为了人民的法律,虽然,不幸的是,他偶尔也偏离自己的观点,试图把理想的立法者描述为某个虚构的无利益的天才,类似柏拉图的哲人王。

鉴于赫斯勒教授的讲演涉及的不只是自然法的内容,而且还有其理论基础,在这一可能有些冗长的回应的结尾,我想问的首先是:什么是赫斯勒教授的实质自然法的基础?众所周知,历史上有不同的自然法理论,这些自然法理论给出的实质性原则也有所不同,比如阿奎那的自然法,作为一种前现代的自然法理论,就不会认可构成赫斯勒教授的自然法核心要素的公民(道德人)的平等的自由权利。所以,问题是我们如何评估这些不同的自然法理论,仅仅求助于理性理念或者黑格尔式的精神（Geist）是否足够？是否我们可以说阿奎那尚未达到对这一理性理念（即自然法）的充分认识，或者，理性理念，如同黑格尔在历史中展开的精神，故意对阿奎那隐藏自身，以便偏爱我们这些现代人？如果我们能求助的只是某个无兴趣的先验甚或超验的理性理念，那么，是否我们能够模仿麦金太尔的问法：谁之理性？

需要说明的是，我同意赫斯勒教授的观点，正义（或自然法）不能被还原为个体利益考虑，但这并不意味着正义与人类利益无关，在这方面，罗尔斯式的程序正义至少具有将人类利益，或者用罗尔斯的话，自然事实纳入立法考虑的优先。所以，虽然同样质疑了罗尔斯的程序理论，利科却认为罗尔斯的程序至少提供了康德的《法的形而上学原理》(*Metaphysische Anfangs gründe Rechtlehre*)的第46—47节中未能解决的问题，即关联自律的道德理念与原初（的社会）契约的一个可能的解决方式。[1]

当然，正如赫斯勒教授所见，程序的自然法理论在解

---

[1] 参见 Paul Riceour, "Is pure procedural Justice possible: On John Rawls' A theory of Justice," in *The Philosophy of Rawls*（《罗尔斯的哲学》, Henry S. Richardson and others eds.), Vol. I, NY: Garland Publishing, 1999, p. 134。

释自身的程序设置，以及在保证一个公正的程序方面都可能陷入困境，但是，如果实质的理论并不想简单地求助于某种先验理性观念，来为自己提出实质性原则提供正当性证明，那么显然也会遭遇相似的困难。就此而言，为了在我们这个，用哈贝马斯的术语来说，后形而上时代建构一种可行的自然法理论，我们或许首先应当避开一种克尔恺郭尔式的"非此即彼"——或者程序的，或者实质的自然法，而是去积极地尝试发挥两者的长处，避开两者的短处。这也是我为什么在这一回应中努力展示了赫斯勒教授批判的某些程序性理论的优点的原因。顺便指出，我之所以选择罗尔斯，除了我自己对罗尔斯比较熟悉之外，另一考虑恰恰是因为就实质性的内容，尤其是就他对个体的否定性权利的优先性的肯定而言，赫斯勒教授的观点在我看来似乎更多的接近康德—罗尔斯而不是黑格尔传统。所以，一个更为技术性的问题是，赫斯勒教授如何界说他的实质的自然法理论？比如保罗-利科认为实质的理论意味着对某种对先在（即先于正当）的善的承诺，也即是说，他对罗尔斯的程序正义的批判，基于一种目的论的伦理学，但赫斯勒教授似乎更加倾向于康德（同时也是罗尔斯接纳的）义务论的伦理学，我不知道我的这一理解是否正确，希望赫斯勒教授能够就此做出进一步解释。

最后要说的是，虽然我在这一回应中确实就赫斯勒教授对某些——尤其是罗尔斯的程序自然法理论及其继承的契约论传统——的黑格尔式拒斥表达了自己的不安，我仍然相信赫斯勒教授事实上在融合程序与实质自然法理论方面做出了自己的尝试，这也充分体现在他结合描述和规范性方法的尝试之中，就此而言，我提问的目的更多的是澄清而非批评。

第五讲 | 自然法的体系

在最后一讲中，我想介绍一下位于不同法律领域中的自然法的基本原则。我不得不遗憾地面对这个事实，即使在整个讲座中，在我所能掌握的有限的时间和空间内，我讲的只是《道德与政治》最重要的第七章论证的极小部分，该论证试图为黑格尔《法哲学原理》中的自然法理论提供现实的视角。尽管我遵循了黑格尔的一些主要划分，但我给出的具体路径与他有很大的不同。尤其是自然法的设想中对21世纪政治哲学中环境问题的挑战的回应，构成了我的路径中的创新点。是否存在对自然法的合理划分，使我们被允许谈论自然法的体系？首先，我们要讨论个人之为个人所拥有的基本权利，这是民法的一小部分特定主题。其次，存在以道德的方式使用强力来实施的法律，从中可以得出防止他人强力侵犯的基本权利，这种强制执行权是刑法的道德基础。然而，基本权利和强制执行权都必须在立法和执法的制度中，才能充分实现。再次，上述事实导致国家作为法律权力和制度，这源于法律需要被保护，国家使法律实证化，并由此构建自身。同时，国家还依赖其他制度。在第三讲中，我已经提到最重要的社会子系统。军队的子系统被纳入国家制度，而家庭、经济和宗教则保持独立，但它们仍然需要法律规则。从这些重要的社会制度的质的差异来看，它们具有不同的义务。作为配偶与作为顾客和作为公民，拥有不同的责任。因此，那种按照大家庭或企业的方式构建国家的简化论，与那种使家庭和经济都受到宪法的规范原则约束的观点同样错误。在此层面上，可以说存在不同"领域的公正"。但它们都是普遍主义公正观念的发展，即使它们位于不同的社会子系统中。

一、民法的基本概念是人、财产和契约。人是整个法律体系的根本，如果没有权利所有者，法律秩序的观念将变得毫无意义。财产这个概念下隐藏着对各种不同权利的处理，它体现了主体与客体之间的关系，只有这种关系才能保证人的客观现实性。作为一种有机体，更作为一种思考的动物，为了满足和实现我们生活的世界，人类发展出许多需要和计划。人对无生命的物的支配是没有疑问的，只要这种支配没有侵犯他人的权利。正如作为物的财产被自然法排除在外，拥有他人则意味着奴役他人。奴役与对称的法律关系相矛盾。对一个人的权利总是意味着对这个人的物品和他的特定服务的权利。甚至人的身体都不能像物那样成为他人的财产,因为与人的关系完全不同于与物的关系。最后,契约形成的主体间关系绝不仅仅与物相关。物也许只是托词,即使不是这样,契约形成的也是一种动态的主体间关系。当主体间关系成为目的本身,例如婚姻,通常的契约的本质就被超越。国家最终不能按照契约的模式构建。

每种自然法理论首要和最具决定性的问题在于:谁拥有权利?首先,从普遍主义伦理学的角度来看,显然所有人都属于有权利的群体。在确定基本权利时,种族、性别和宗教都不能为某种不平等辩护,某些物种也不能——如果存在非人的物种,他们也应当被看作法律主体。在何种程度的发展上,人被认为是法律意义上的人,众所周知,这个问题存在很大争议,不仅在不同文化之间,而且在同一文化内部也如此。我自己很难找到有关胚胎、胎儿和婴儿有道德意义的重要差别,因此我支持胚胎也有生命权。但我在这里不会对此讨论,而是讨论时间更近的有关后代的权利的问题,这个问题与许多难题相连。与胚胎不同,后代现在根本不存在。在这种情况下,我们需要处理的是可能性,而不是有机生命的概念。即使由于我们知道的最有价值的有限结构被破坏,放弃人类在宇宙中的冒险也是极度不道德的。这样做的人也只是不尊重道德义务,而没有侵犯主体的权利,因为那些尚不存在的人无法拥有主体权利。后代的权利取决于将来出生的后代的成员们,但这种条件的实现首先很有可能,而且在道德上很有必要,以至于对这些有条件的权利的尊重成为自然法的义务。除了有条件的权利,他们还有有条件的义务,这包括尊重他们之后的后代的有条件的权利。有条件的义务的受益者并不是那些履行义务的人,在这里一种通常的直接相互作用的结构被推翻,取而代之的是瀑布型结构。每代人都从前人那里获取,再给予后人。

我们对后代的确切义务取决于两个因素:他们的需求和人数。就第一个因素而言,任何有关后代会喜欢什么的推测都是不确定的。假定他们想活着,但甚至这也是不确定的。他们会不会喜欢自然美和生物多样性,我们也不确定。当然这种在先的推测也不是不可能,随着人类精神的退化,后代会完全满足于在贫瘠的自然界中构建一个塑料的世界——但我们可以先排除这种需求结构的合理性。因此,问题并不在于后代会有什么样的需求,而在于他们应该有什么样的需求。对此,我们可以表明,并非实际的需求应该成为规范的标准,而是规范应当成为塑造未来的领导者。

关于第二个因素，显然有限的地球只能承载有限的人。技术和管理的发展极大地增加了能够养活并与他人和平相处的人数，但这种增加不能像人希望的那样，因为人类技术也带来了环境的破坏。然而，即使把技术和经济能力（各个民族有所不同）作为既定的因素，地球能供养的人口数量也不是无限多的。它还至少取决于两个更深层面的因素：一方面，人类的平均需求水平；另一方面，人类之外的其他物种和有机物的存活。我们很难否认，人口众多却消费甚少的世界，比人口稀少却消费甚多的世界具有更高的内在价值。然而，达尔文式的生存竞争首先开始限制的就是高于生存层面的生活水平，这显然是对人的尊严的冒犯，必须无条件地予以避免。因此降低（消费）的门槛，要比生存竞争的冒险更好。实际上，在一定历史时期，大量破坏和过于夸张的需求绝不可能在短时间内改变，人类面临着毁灭自己的严重危险。因此有必要采取措施稳定人口数量。

从代际间公正的责任可以推出后代不受干预的权利以及后代积极受益的权利。基于我们后面将会讨论的理由，整个自然不能变成私有财产，而应该是整个代际传承的理性人类的共同财产。自然中的财产权事实上只是可以继承的使用权。认为为后代考虑，禁止使用不可再生的资源，这是毫无意义的。按照这种观点,总是有后代产生,这些资源就没有人享用过。以这种理由来保护资源的声音已经很微小。考虑到后代的需求,提高日益稀缺资源的价格,投资开发可替代的物质资源,这样做更有意义。有价值的风景和艺术品不能被看作某个人或某代人的私有财产。它们应当是人类共同遗产的一部分。例如,为了保护埃及金字塔,不仅要尊重后代,还要尊重古埃及人,他们的成就在将来也会得到承认。

比保护稀缺资源更重要的是停止对环境的污染。在不远的将来,浪费不只属于某一代人的资源,从自然法的角度来看,将被认为是盗窃。由于污染环境的可能影响,我们看到世界气候的不稳定。它还会造成更大的灾害,无论气象灾害造成的人员死亡是发生在当下还是将来。有人可能会自我安慰,洪水将在他死后才有。但既然自然法的基础不是理性自利,这种想法在自然法的实现中无一席之地,应该被抵制。我们不能允许不考虑未来——由于这些消极发展不会影响自己,或者由于有人不关心自己的未来——那么,尊重他人的未来,应当也是一种道德义务。

我已经谈及财产的观念。根据自然法,可以设定什么样的财产分配原则?有人会提出动听的原则,理想的世界不需要限制财产,因为每个人都能各尽所能,按需分配。

马克思设想人类历史的最终阶段就是这样，因为工业革命的动力有信心为社会创造各种条件，资源稀缺性这个影响经济体系和财产秩序的必然性因素将会消失。有三个因素会阻碍这种希望的实现：第一，不仅生产数量，而且人口数量也会增加；第二，由于经济的生态学前提，经济增长的限度变得明显；第三，需求的增长甚至超过了能够满足它们的可能性。即使没有这三种因素，没有明确的权利归属的社会梦想也不可能实现，因为许多物品既不是免费也不是公共的，而是私有的。不幸的是，考虑到人的自我意识结构，有可能人类会为了某块土地反复争斗，即使邻近还有同样等值的土地可以得到。因为每一件物品都有不同于他者的特性，不管它是多么无关紧要。而且，有些真正独一无二的东西，例如重要的艺术品，对它的随意复制即使在富裕社会也是不可能的。总之，不可能满足每个人的无限需求。通过教导人们将需求限制在已经得到满足的层面上，更能有效地使人感到快乐。然而，我们不得不承认，如果缺少满足基本需求的途径，那么这种财产秩序就是不公正的。个人没有能力满足基本需求，又不为此感到愧疚，这是更大的不公正——与不愿工作的成年人的挨饿相比，小孩子的饥饿无法得到满足，这在更大程度上违背了自然法。

财产归集体所有的观念也是错误的。集体必须能够行动，要实现这一点，只有当它拥有能做决定的机构时才可以。但这个机构的成员或多数人成为事实上的集体所有者，这种秩序甚至比任何最不平等的财产分配更加不公正。只有当个人被剥夺了决定权，可供个人支配的私有财产不再存在，集体财产的形式才可以被设想。多数人对少数人的统治在公共领域中必然是这样，但不应该扩大到人类生活的全部领域。基于对所有人利益的考虑，必须要有适合所有人行动的领域。然而，每个人不仅拥有私有财产权，而且其产生的大量社会效益也不应该被低估。一般而言，为了培养社会责任感，对行动领域的划界是一个必要条件（当然不是充分条件）。去道德化（demoralization）是空想主义实验的直接后果。至少在那种庞大的、不知名的组织中，囚徒困境（例如以集体悲剧的形式）的形成不可避免。利益归私人所有，损失由社会承担，二者是人性的基本倾向。

如果人们接受了私有财产的必要性，就可以为以下观点辩护，若私有财产有可能实现平等，就一定要有自然法。但我们承认，该原则立即需要罗尔斯的差异原则来弥补，因为如果不平等体系中最穷的人都比平等状态中的每个人更富裕，那么任何理性的人都不会坚持平等。然而，如果差异性原则用于财产秩序，这种弥补平等的假设仍然有疑问。一方面，劳动力是获得正当财产的重要来源，不能不加以考虑。如果承认差异性原则,那么为什么一个懒汉和一个勤劳的人应该拥有同样的财产权,这并非不言自明。罗尔斯对此反驳道,根据差异性原则,用来资助懒汉的再分配即使具有正当性,仍会导致政府财政收入的减少,因为过高的税收使富人不满,也会减少工作。但罗尔斯没有回答,如果富人拥有道德权利拒绝这种方案该怎么办。对再分配的公正更加合理的论证必须取决于以下问题,例如需求的紧迫性,对自身的需求问心无愧,帮助他人就有很大可能帮助自己以及更需要的他人。历史表明,不存在最高的会起反作用的税率——在一场正义的防卫战争中,税率很高,人们工作的积极性也没有降低。相反,如果纳税者认为,政府用税收构建效率低下的官僚制,任人唯亲,那么即使很低的税率也会起反作用。

如果有人认为不平等的成绩可以为不平等的权利辩护(也存在其他原因,因为更勤劳的人可以更合理地享用权利),他仍会主张,政府应该试图赋予人们同样的取得成绩的能力。有人会赞同机会平等的要求,尤其是教育机会的平等,是公正的。但无须深入了解人性,我们也能看到,有公共保障的教育,即广泛的机会平等,只能减少经济上的不平等,而不能带来同样的结果。因为人们天赋的自然差异人人,不管是基因造成还是取决于家庭的培养。如果能通过基因工程使每个人平等，废除家庭（但也许并不奏效），这或许是在现实中获得同样能力的必要条件。

怎样为私有财产的具体差异做恰当的辩护？认为原初占有是财产正当分配的最终理由，这种想法是幼稚的。我们应当认真考虑这种观点，物的形成和其中的劳动蕴含着财产权。一方面，劳动意味着主观的奉献，这应当得到补偿；另一方面，它导致劳动产品的存在，没有劳动就没有产品。这种观点在洛克那里表达得非常清晰，他的财产理论纠正了以前上帝创立人类共同所有的观念。因为即使洛克仍然认为上帝将地球赐予人类作为共同财产，但他主张私有财产权建立在个体劳动的基础上。然而，洛克最初限制了所有权，因为他认为人们要获得的只不过是他能使用的，还有足够多的留给他人。而且，洛克认识到产品的价值不完全由投入其中的劳动来决定。与众不同的是，洛克最初将超出劳动的价值限制在十分之一，后来又缩小到百分之一，最后减到整个价值的千分之一。这种缩减体现了洛克的意图，因为他想在最大程度上论证私有财产的正当性。但洛克仍然主张，劳动投入其中的物质材料并不能成为私有财产，因为它本身并不是人类劳动的产物。

实际上，如果依据人们只能占有自己制造的东西的财产观念，那么知识产权应该是最容易被赋予基础的。有关知识的财产和复制品的法律，例如反盗版法，产生了知识所有人和普通民众之间明确的契约，因为知识人创造的产品可以被享用。然而，由于人们不是自然资源的创造者，对自然资源的破坏是不被允许的。农民对由他播种、长到成熟的谷物有权处理，但他无权处理土地和用于下一次播种的谷物。显然还有其他情况，如果到处都有更肥沃的土地供开发，更有益的物种供种植，那么贫瘠的土地就会被废弃，动植物的物种多样性就会被限制。砍伐一处森林可以被允许，如果从长远来看，这能增加地球上生存的人数这项自然法原则，绝不意味着存在不受限制的土地私有权。认为国家所有者不可能剥夺后代有权享有的自然资源，这种想法太天真。例如，一处森林不管是私有还是公共财产，关键是森林的持有者只拥有自然资本存量的收益权，而不是自然资本存量本身。正如卡尔·马克思写道，即使某个社会、民族或所有现存社会加在一起，都不是地球的所有者，他们只是地球的受托人。环境空间的观念在此变得有意义：只有不过度捕捞，才能抓到更多鱼，鱼类资源应当被地球上现存的人分享。每个人都有相应的环境空间，根据普遍主义者的看法，这种空间对于健康人应当相同，弱者应当得到更大的空间（每个人当然可以用他的空间换取其他物品）。同样，污染物的排放也应如此——

根据世界上的人口数量划分的排放额度体现了相应的环境空间。

契约是财产转移中最重要的制度，它能增加对物品的理性配置。契约的重要性建立在能够被执行的基础上。单边的承诺在道德上会被严肃对待，但相互的契约是我们可以想象的最强有力的义务。然而，两点限制十分关键：第一，只有可以真正拥有和转让的东西才能成为契约的对象。生命和自由是权利观念的前提，因此它们不能成为商品。国家对童工和高危环境下的工作进行限制，这确实与自由主义的契约自由观念相冲突，但它是合理的，不仅仅因为这些相关人没有被充分告知其中的危险，或者对此不能正确地评判。即使信息充分，他们也没有权利冒牺牲生命和损害身体的危险，这样做是不负责任的，因为他们获得的好处并非性命攸关。第二，订立公正的契约不能以第三方为代价。由于交换本身不能防止内部成本的转移以及产生消极的外部影响，这就构成了限制契约转移的另一个合理理由。每次转移成本都会侵犯他人的财产权，因此这样做是非法的，必须对此进行赔偿。事实上，对我造成的对他人人身和财产的损害，我必须负责，并有义务尽可能对此进行赔偿。这种义务（当然也包括国家）不仅针对个人有意或无意地违背他本该承担的责任造成的损失，而且指严格的义务,它构成自然法的基础原则,在工业化世界中变得越来越重要。拥有危险物的人,也具有优势,但他也要对可能产生的风险负责——个人行动的自由和义务是同一硬币的两面。他没有权利将风险转移给他人,即使他对他人并没有具体的冒犯。

二、权利可以通过强制权力来维护,从这一事实可以推出,每个人都有进一步使用强制的权力维护自身的权利。这种权利也存在于前国家状态,但我们很容易明白,为什么该权利的滥用会成为支持向国家过渡的最强有力的理由。显然,有两种类型的违背权利。契约表述得太宽泛,以至于双方尽管都真诚地尊敬它,却仍然对其具体的运用产生争议。这种过失根本上对应于民法中的侵权,它与刑法中的犯罪不同,后者是直接违反法律本身。前者是公开发生,因为它是因善意而为。善意的表征在于,当事人准备请第三方来裁定争议。只有不属于他自己一方的第三方的裁定,才是客观的。双方服从裁定者的权威,这是避免暴力发生的重要步骤,而考虑到人性,当有人认为自己的权利受到威胁,暴力往往不可避免。由于减少暴力的使用有益于双方,并且一直是一种道德义务,那些在历史上第一次同意接受第三方裁定的人,不管谁是第三方,都对人类做出了巨大贡献。

如果另一方想违背法律,问题就变得更加困难。在这种情况下，认为双方会同意服从某个仲裁者的判断，这是幼稚的想法。由此，个人对此采用强制措施，这在道德上也没有疑问。但这样做会让事情变得更加困难，一方面，另一方也会保护自己，另一方面，这不利于重建法治国家。从小偷那里夺回赃物是不够的，因为小偷与误解契约的人不同，他已表明准备从根本上去违法。因此，更明确的解决办法是对他进行处置，以使其打消偷窃的想法，这就是惩罚。但怎样恰当地惩罚？违法者并没有丧失所有权利，因此完全有可能对他惩罚过重，超过公正的度。在此情况下，惩罚本身也是违法的，也应该接受他本人的惩罚——如果他被杀死，他的家人可以这样做。这样循环往复，就出现了古代令人发指的血亲复仇。为了避免这种局面，有必要将自卫的权利委托给一个可靠的权威，使其垄断强力的使用，这样既会更加有效，也会更加客观——只要防止国家滥用其权力，这种滥用有可能发生在权力垄断者的身上。

民法下的罪犯首先有赔偿的义务，并且不能从违法中获得任何好处（没收犯罪所得的收益，这是民法的基础）。其次，他还要受到惩罚。为什么会有惩罚？惩罚理论的根本不同在于，是根据已经实施的犯罪行动，还是根据可以被防止的未来行动进行惩罚。第一种理论被称为"绝对的"惩罚，第二种理论被称为"相对的"惩罚。绝对惩罚理论在现代最重要的代表人物是康德和黑格尔，相对惩罚理论可以在柏拉图、霍布斯、费希特和约翰·密尔这些不同的思想家那里找到。相对惩罚理论又可以划分为个体的威慑和普遍的威慑两种：对个体的威慑而言，惩罚的正当目的在于仅仅防止罪犯的进一步犯罪；对普遍的威慑而言，则要防止普遍的犯罪。权衡两种惩罚理论的困难在于，他们对对方的批评都比自己的立场更加合理。因此，对普遍威慑理论的经典质疑完全令人信服。如果惩罚的正当性在于威慑他人，那么对无辜者（比如一个逃跑了的罪犯的孩子）的惩罚显然也是正当的，只要服务于这一目的。实际上，惩罚的严重程度必须根据防止犯罪的紧迫性，即相应犯罪的扩展程度。对商店行窃可能比对谋杀惩罚的力度更严格，因为谋杀相对更少。同时，要想嘲弄绝对惩罚理论一点也不难，它几乎无法避免对残酷的杀人犯采取残酷的处决。对杀人犯的处决并不能消灭他的谋杀事实，而且我们也很难明白，为什么毁掉另一方的生命被认为代表了一种具有内在价值的东西。即使当犯罪者同时真诚地为他的罪行忏悔，将惩罚视作目的本身也没有意义。即便如此，还是康德，尤其是黑格尔的观点看似最合理：罪犯在实施犯罪时运用的标准是他现在受约束的标准。实际上，被送上断头台的杀人犯几乎无法抱怨。但即使他不能抱怨，也并不意味着别人不能对此抱怨。如果有人不想把犯罪解释为理性的表现，我不明白，为什么将犯罪的行动当作公正惩罚的标准应当是合理的。而且，既然人完全决定自己的行动这一点至少并没有被排除，高尚的人通常会对哪怕罪大恶极者都怀有一丝同情，如果他不再危害他人。

因此，最令人满意的立场如下。首先要承认，惩罚的基础只能是犯人犯下的罪行。这是对避免滥用惩罚权的最大保证，否则会造成最恐怖的局面，即每个人都被当作威慑他人的工具。个人自己犯下的罪行是惩罚的必要条件，它限制了惩罚的力度。其次要承认，如果更贴近民法意义上有义务进行赔偿的做法，惩罚的观念就变得合理。某人造成危害，应该尽其所能消除危害。然而，小偷不仅危害到特定财产，他还表明对法律的不尊重。他的罪行树立了一个传染性的例子，他有义务要消除这种负面影响。他现在的弥补措施部分是作为对他人产生威慑的例子，部分在于增强他人对法律权力的正面印象。因此，威慑理论的基本观念可以得到认可，但必须建立在另一种论证的基础上，而不是功利的基础。同时，绝对理论的以下一点也是正确的：罪行是惩罚的必要条件，但非充分条件，因为罪行本身不是目的——我们认为罪行对罪犯和社会都有影响，这种可能的影响首先使惩罚成为义务。

将有义务提供补偿作为基础的普遍威慑,并不是惩罚的唯一目的。惩罚必须尽可能使罪犯自己重新认识法律。在个体威慑的理论中,多数用来反对普遍威慑理论的观点都已被抛弃。有罪的人被惩罚是为了他自己,而不是为了别人。惩罚尤其应该有益于对罪犯的改造,至少尽可能使他重新社会化。当然,我们必须承认,这种惩罚的目标不容易实现。但反对者可能更是反对刑罚体系中的特殊形式,它有时首先使犯罪者成为真正的罪犯,而不是反其道而为之;反对者也不会允许做以下的终极判断:一个人永远无法改造,不管这样做的诱惑有多大。如果惩罚的最终目标是使罪犯重新融入社会,那么就必须给他提供再生的机会——这意味着死刑问题重重,不像在特殊情况下杀死一个侵犯者才能挽救一个生命。死刑不能被取消,司法误判从来不能绝对排除,聘请律师水平的高低取决于不同的金钱付出,这些深层次的原因导致对死刑的不平等对待令人无法接受,并且这样执行死刑产生残酷无情的影响。当然,死刑的威慑作用就非常令人怀疑。

三、如果与自由主义相比,社会主义运动的重要性在于,它们正确地拒绝向事实上的不平等妥协,那么保守主义的真理则在于认识到纯粹的自由主义不能自圆其说,人类在更深层面上的生活依赖于制度,而不是个体权利的观念。家庭是能唤起人的团结和责任意识的基本社会制度。作为以超越个体生命的人类繁衍为目标的制度，国家应该积极鼓励家庭，使它不仅是人类繁衍的地方，而且体现了家庭成员的团结，即使性欲的结合、情感的需要、经济的必要、繁衍和教育后代这些家庭的特征使其很难受制于国家的强制。尽管婚姻以同意为基础，但它完全不同于某个规范的契约，以至于以下理解是一种误解——家庭的目的是终生协议，是对爱的现象在制度上适当的回应，能够增加生活中对孩子的信任。爱的对称性和完整性使一夫一妻制成为唯一正当的婚姻形式。尽管国家有必要建议不要轻易离婚，但法律不能违背个人的意愿而使他们在一起，并且在个人主义不断增长的地方，法律有必要认可和支持单亲父母的教育工作。对那些有责任抚养他们的人，孩子必须予以支持（当孩子长大，他们相应的有义务抚养和支持有需求的父母——孩子的生存是对这一义务的认可，因为这意味着他们接受了被赋予生命的事实）。如果赋予未成年的孩子某些特定的权利会产生危害，那么只有当他们成年以后才能享有。为了避免冲突和不公正，所有人应该在同一年龄获得个人的权利，尽管个人的成长速度不同。对成年的认定标准在历史上不断变化。我们不清楚晚期现代人会不会变得比以前早熟，因为一个人在今天必须知道更多，才能在高度技术化的世界上负责任地行动。父母的监护权不是绝对的,而孩子更应该有权决定合适的抚养人。对孩子的义务教育也来自于他们的权利,一方面,这可以使他们获取在现代公民社会独立生存的能力,以建立某种社会平等;另一方面,这能使他们熟悉国家的基本价值。

在人口下降的国家,孩子受教育的同时,应该赋予抚养孩子的人一些退休的福利。另一方面,在人口过快增长的国家,国家有权对人口进行限制,当且仅当确实存在大饥荒或达尔文式的生存竞争的危险,其中包括对邻国的侵略。限制家庭的动力完全合法,并且在极端的情况下甚至可以考虑强制——但只能针对父母,不能针对孩子,很难设想他们的出生有错。

国家以外的制度的独立存在是一种分权的形式,它至少和国家的分权一样重要。因为国家将某些任务授权给那些比自己做得更好的组织,它就能够更加全身心地投入自己的任务中。辅助原则不仅可以保护其他制度,而且可以保护国家自身。如果缺少像共产主义那样自由的、负责任的组织文化,那么将国家公民等同国家客户的观念必然会扩散,国家自身最终会为此付出极大代价。国家完全将社会融入自身,不仅违背了基本的自由权,而且也使那些有活力的资源窒息,它们本可以通过一定方式实现自身的目的。另一方面，完全从社会解放出来的国家不久就会毁灭自己。公民社会缺少天然的同情和家庭特有的归属感。然而，一方面，理性自利的体系也必须要考虑他人的利益，另一方面，对道德性需求的满足决定着社会的两个最重要的子系统。与家庭相比，经济更多受工具理性指引，就其与每个人的利益相关而言，它更具普遍性。此外，宗教必须满足经济难以满足的意义需求，它能动员的献身精神远远超过家庭。同时，宗教中的狂热产生的破坏性，比经济中的自利更直接和迅速。

一种道德上可以接受的经济必须满足每个人的基本需求，尽可能保证行动自由和选择自由，承认财产的基础是个体的成就。最有效地满足经济需求的方式是劳动分工，它或者由中央管理，或者以市场为基础。在市场经济中，生产者和消费者有更多行动的选择，这能更快建立供需平衡。能在依赖他人的事业和独立的事业间进行选择，这有效保证了市场经济更强大的创新潜能——当然由于以前陈旧的生产方式，这也不可避免地带来周期性的失业。市场经济的另一个消极特点在于过度激烈的竞争，尽管存在广泛合作，也无法将其排除。在市场上，需求相对小的产品也有机会，只要生产成本不高，或消费者愿意支付成本。而即使在民主决定的经济中，要将商品投入生产，必须经过多数人的决定。那些得票获胜者必须为该商品埋单,尽管他们根本不能获益。另一方面,"金钱选举"提供了拒绝投票的其他可能性(即使投票在民主制中普遍运用)。

所有这些与国家宏观调控的发展趋势完全相容,例如通过制定国家财政政策以及长期的工业政策,满足后代的需求,通过有眼光的投资与失业抗争,通过制定反循环的稳定政策,降低经济活动波动的消极影响。而且,我们必须承认,由于公共产品的特点是消费中缺少竞争对手,尤其是外部性失灵的原则,市场将无法起作用,因为搭便车者都从中受益。例如,某项防护政策只保护一小部分公民,不管是每个必须为此埋单的人,还是那些志愿者都是傻瓜,因为拒绝为此埋单者同样从中获益。正如自愿交换若成为公正交易的充分条件,只有当社会结构的环境是公正的一样,市场的逻辑能带来好的结果,也只有当支持市场的结构并非按照市场的原则来运作。所有市场的优势都会消失,如果最高竞标者得到法律判断和财政决定的支持,因为所有通过劳动创造的财产都不再安全,交易成本的增加不可预测,各种工作的动力将丧失殆尽。法律有必要严格抵制向官员行贿以及官员腐败,加强对政党资金的监督,这不仅仅是为了维护正义的基础,而且也是为了维护市场。市场预先设定,法院和中央银行必须受市场之外的价值的指导。看似矛盾的是,市场价值体系的完全胜利将意味着市场的毁灭。根据马克思的理解,由于人们求利的天性,自然市场的倾向是企业联合,尤其是形成卖方垄断和买方垄断。因此为了维护市场对消费者的优势,有必要通过外在于市场的结构来限制构建契约的自由。然而,与通过将经济垄断与立法垄断结合来增加经济垄断的劣势相比,运用国家企业联合来阻止垄断的发展则更加合理。

作为市场的守卫者,国家有责任捍卫结社的权利,并通过创立新的法律形式,例如联合体,来帮助穷人。在劳工斗争中,企业家和雇员应该拥有同等的武器,消费者也应该被鼓励建立联合体。而且,国家应该通过独立的劳动力中介机构来提供可以带来供需平衡的信息。为了增加平等的机会,国家应该支持普遍的教育,进行职业培训,尤其是当某些工作变得陈旧时,应该对此进行重新培训。为了避免社会的两极化,国家有权进行再分配,这应该主要由弱势群体的利益来指引。国家必须保证确保人们的养老、疾病和失业的保障,因为不存在伤害自己的普遍权利。在复杂的世界上,国家必须建立保障信息安全的义务,防止内部成本的外部化。

尤其是,我们总想把代价转移给那些当自己受到影响时不能保护自己的人,比如我们的后代。无论如何,市场作为最有效的配置方式,只是满足有购买力的人的需求,它绝不可能帮助那些没有购买力的人,而在许多国家,不仅仅是福利国家,都有大量这样的人。同理,市场并不能有助于尊重后代的需求。如果后代的需求已经被赋予购买力,那些日益稀缺的不可再生的资源的价格将迅速上涨。既然后代的需求是正当的,国家有责任代表他们对定价过程进行干预,例如,确立环境税(类似的还有对外贸易中的环境关税)。进而,国家应该限制对现存的可再生资源的过度使用,限制对环境的污染——当然要通过预防措施,而不是事后的补救(尽管破坏者应当为他们带来的破坏埋单)。存在两种解决途径:或者由国家确定从自然中提取资源和排放废物的可接受的配额,或者国家确定提取量和排放量的价格。任何一种情况下的另一决定因素则由市场决定。两种方式的融合对于环境保护可能更理想。在设定配额时,不应该放弃使用市场(例如对排放许可的商谈),因为它比具体管制能更有效配置资源。如果当今不能停止对环境的破坏,现代的普遍市场将成为世界历史上最具破坏性的制度,因为全球化过程中无法对交换进行限制,将会使不断产生的外部性变得无法预测。为了限制破坏环境,必须转换那些不合格的现代经济增长方式,至少经济的增长必须与过度消耗资源和破坏环境分离。国民生产总值（GNP）被作为富裕国家最重要的经济增长指标，这十分荒谬，因为它并没有包含对自然资源的破坏和摧毁，以及应该包含在内的防范措施的成本。疾病、事故和对环境的破坏增加了对劳动力的需求，由此带来国民生产总值的增长。我们很有必要学习去评估社会的"经济福利净值"（net economic welfare）。当前由于追求数量的客观性，国民生产总值的主张极大程度上误导了公众。1970年德国的经济福利净值，即国民生产净值减去经济繁荣的成本，停止增长，1990年经济繁荣的成本已占国民生产净值的53%。技术进步对于战胜绝对贫困和疾病具有关键作用，但新技术带来的生态、社会和精神风险应当尽可能通过测试与环境的兼容性来加以预测。抵制技术迅速发展的重要标准在于，例如缺乏对错误的合理容忍（这造成人们过度的需求），具有威胁性的后果的长期存在（处于半衰变期的钚构成了反对核裂变的重要依据）以及技术导致的变化的不可更改性。人们还想避免以下技术的发展，即为了保护个人的安全，国家利用该技术采取措施不断限制公民的自由权。

  即使后代的财产权得到承认，市场也只能建立这样的结构，其中那些能够更好地以边际效用原则满足人们对商品的需求的人，以及那些擅长讨价还价的人将变得更富裕。这些财富与不该拥有的好运气一样。而且，市场满足的需求是那些事实上都已经存在，由此可能成为最低级的需求。由于无法遏制对自私的崇拜，它的解放经常被看作现代资本主义繁荣的必要前提，并最终会通过腐败的扩散摧毁市场。因此正如我在第三讲中提到，关键是要在社会中拥有一些珍视道德原则的制度以及广泛意义上的宗教领域。国家与宗教的关系时常紧张的原因在于，道德与宗教的绝对要求经常挑战国家的权威。在第一讲中，我们已经看到现代国家主权观念的发展，来自于对中世纪国家宗教二元论的反对。世界历史上通常的答案是将宗教与政治结合，实际上，即使在今天，少数欧洲国家仍然在成文宪法中承认国家宗教。美国的独特之处在于，它从一开始就拒绝将教会和对宗教自由的认可相结合。有趣的是，与欧洲国家相比，美国这种国家与教会的分离却导致在社会和公共领域中更多宗教观念的出现。实际上，我们要建议国家不要承认某种宗教的特殊地位，这一方面因为无法对此进行客观判断，另一方面也因为宗教的基础只能是信仰自由，而不是任何形式的压力。但既然国家不能容忍那些向不能宽容其他信仰的人布道的宗教，也不能容忍那些违背基本权利的宗教，国家不仅应该接受，而且要培育能增强公民的道德认同的宗教，从而通过培养最终以神圣的共同参与为基础的团结意识，教导公民超越天然的自利。

承认宗教共同体对国家有特殊作用，并不能放弃基本的自由原则，即信仰不能受制于任何强制。这个原则不能受到质疑，即使主张"自由的世俗化国家所依赖的前提，不能由自己提供保证"，这意味着拒绝将国家的任务局限在使用强力上。密尔在《论自由》中支持彻底限制国家的惩罚权，而在《论代议制政府》中又认为，"任何政府的最重要的德性在于提高人民的德性和理智"。诉诸德性，这不是与他早先文章中的观点相矛盾吗？只有当惩罚被看作唯一能提高德性的方式，上述观点才是矛盾的。宗教当然是最有力（如果不是唯一的）的促进道德行为的手段，即使密尔也许不赞成这种观点。宗教使道德法的绝对性成为可能，其中自然法是道德法的一个子集，哲学和科学的任务则是在自然法体系中，赋予道德感具体的形式和最有效的规范。

四、我无法在这里总结我的《道德与政治》一书中最长的有关构建自然法的一章，它详细地讨论了与联邦主义、立法、行政、司法权力以及国际关系相连的诸多问题。由于中国与西方传统的差异尤其表现在自然法的领域，我对上述问题的思考也许对中国公众没有特别大的帮助。因此，我想将自己限制在讨论两个根本问题上，它们对政治哲学尤其重要——政体的问题以及宪政规范的特殊地位。

国家是最有潜力能够实现客观公正的机构，宪法是法的观念的充分实现。在宪法中，自然法可以说自我追赶，因为国家确立的第二位的规范，要与自然法的实证化相一致，否则就不可能获得社会影响。自然法成为实证法，并且为了确定实证法，必须毫不含糊地确定法的来源，这些都是自然法本身的义务，否则国家的统一和主权就无法保持。相反，这意味着为了确保一致性，实证法必须尽可能避免与自然法冲突：它应当是公正而可行的。理性宪法的标准之一在于，它在多大程度上有利于建立公正而可行的法。而且，与我们已经提到的不同，还有评判宪法规范公正性的内在标准。这两种类型的标准植根于内在价值和外在价值的不同，它们对于讨论正确的政体至关重要。

与宪法解释相关的首要问题是，谁应当拥有政治权利。从普遍主义的立场来看，答案无疑是"每个人"。民有的政府不仅仅只是民享的政府，还应当是民治的政府，这部分是因为每个人能参与决策制定，能使他形成对共同善的特殊承诺，部分是因为公正的理由。但真正公正的是，这种自然的宪法不能被等同于如此简单的答案。首先，我们不容易确定"每个人"这个词应当包含谁。孩子至今在任何国家都不能直接享有政治权利，更不用说后代。这种限制是合理的吗？如果是，为什么？也许因为孩子还不能决定谁对他们而言最好？如果这种根据有效，那么为什么不能将它运用到某些成人身上？其次，这绝不是说，任何政治体系都不能指望有选举权的人做出统一决定。因此，多数人统治的原则是必要的，并且简单的多数常常最容易实行。然而，不管是通过多么合格的手段，多数人统治的原则都意味着对被高票击败者的权利的部分解除。这些人肯定参与选举，但如果多数人在这些关键问题上已经稳操胜券，那么对当选者而言只是一种可怜的安慰。此外，我们已经指出，由于重要的国家机关的权力超越所有法律，宪法应当受到不能允许其违背自然法的限制。合理的宪法应该会带来合理的法律和公正的政治，这是多数人的统治无法保证的。没有什么法的其他领域比在宪法领域中，更应该由自然法处理有条件的义务。如果只有在为了确保后代免受干预的权利时，才允许违背个人免受干预的基本权利，那么对民主权利的限制只有此时才是正当的，即民主制获得成功的社会条件并不具备——前提是尽了一切努力去创造这些条件。

然而，显然即使宪法中最伟大的理智，也只能设想出减少滥用权力的可能性的制度。滥用权力从来不能被彻底消灭。制度由人来支撑，正如坏制度也能通过好官员有益于共同体,最好的制度如果落入坏人手中,也会带来火难。通过教育体系,国家可以对塑造人民和民族精神、民族的伦理生活及其道德,产生一定影响,但只能在一定限度内。无论如何,在评价政体时,必须充分考虑这些可能性的影响。

从以上的论述中,我们至少可以得出三个结论。第一,如果成熟的民众达到一定程度,民主制应当是国家的公正形式。这意味着,全部公民应当尽可能拥有政治权利。我们还应当要求在选举中存在广泛的寻求差异性的机会,只要它们不要太不切实际。将孩子排除在公民选举权之外,这是可以理解的,但这样做比监狱中的罪犯被暂时剥夺政治权利更加成问题。既然直接赋予孩子选举权明显不可能,有两种办法可以解决此问题。一种可以想到的建议是将孩子的选举权授予他的父母。如果孩子的钱本来由父母管理,现在变成国家监管,这肯定遭人反对。如果在选举中,属于主要机构的人有权建立其他机构,对他们的监管也是不可能的。此外,以下一点并不清楚,为什么只有已经出生的孩子可以被代表,而后代却不可以,如果说他们都具有(条件性的)权利。尽管他们自己无法选代表,但真正全面的代表应当允许他们发出自己的声音。只有相当于民法的保护者的宪法,才能代表他们的正当的未来利益。要求建立这样的制度,不能被认为是对民主的基本观念的攻击,而是现代民主中普遍化倾向的扩展。当然,这种机构最终必须以现有的有选举权的公民为基础,但通过一些中间步骤,可以防止使其变得多余。

论证一个政治体系正当性的第二个标准可能在于,那些对实现共同善最公正和最有能力的人能够获得担负责任的职位。这或许被称为"贤能—精英"(aristocratic-elite)的标准,它限制了民主的观念,但它根本上并不与其不一致。相反,在好的民主制中比在基于出生的寡头制中,最优秀的人有更多机会进行统治。在此意义上,真正的民主制应当是贵族制。在民主制中,最重要的是如何努力保持和提高这种能力,以发现和任用最能胜任的人。没有什么恶行比嫉妒对民主制的成功会产生更大威胁,正如没有什么恶行比骄傲更能摧毁基于出身的贵族制的正当性。只有培育这样的文化,它包括恰当的自我评价、对道德和理智权威的认同、对榜样的崇拜,才可能降低权力斗争的数量,它在普遍民主制中比在基于出生的贵族制中更多,因为普遍民主制中有更多竞争者。只有采用上述方式,才能避免具有最小公分母的平庸政治。在20世纪的西方,贵族—精英的标准一直为限制选举权进行辩护。与哈贝马斯认为政治权利是其他权利的顶点不同,在我看来,政府在承认普遍的政治权利前,首先为了维护统治,才保证公民基本的免受干预的权利和积极受益的权利。在罗尔斯的"无知之幕"下，谁也不知道自己会出生在一个下层等级。宁愿出生在现在的中国而不是印度，当然是理性的，因为印度的民主制无法战胜普遍的营养不良和偏高的婴儿死亡率。

第三个标准是关于如何防范滥用权力，这对垄断权力的制度十分危险。例如，这意味着要保护少数人的权利，在一国人口并非充分同质时，这尤为紧迫，因为如果不能确保少数人在议会、行政和官僚制中的表决权和否决权，就很容易出现某个既定的组织总是在选举中获胜。考虑到人性，这种观点至关重要。如果在没有分权的民主制和没有充分民主的政治自由的体系二者之间选择，人们毫不犹豫地会选择后者，只要分权机制没有取消国家的行动能力以及社会对国家主权的尊重。幸运的是，民主原则和自由原则相互包容，尽管需要妥协，因此大量民主方式制定的决策必须通过分权来限制。这绝不意味着将一种原则等同于另一种原则，它们都植根于自由主义的自然法中，即认为所有人都应当有一定的基本权利。这些基本权利包含政治权利，它不能对前政治的权利造成危险——民主原则和自由原则一起能形成分权的民主制。最危险的错误在于认为，通过分权机制限制绝对民主已经存在于绝对民主制中。例如，由于宪法通过多数投票得到批准，就意味着已经授权法院对立法机构进行监督。这将意味着,多数投票可以废除分权机制。

限制民主原则的直接表达在于,宪法规范不能经常根据简单多数变更,并且少数宪法的规范绝对不能改变。这是合理的吗?如果以多数统治的原则为基础,答案显然是否定的。在没有成文宪法的英国,宪法学者就此争论,议会是否应当通过限制议会的无限权力的法案,促使某些规范只能通过有资格的多数来变更。因为如果这样的法案由简单多数通过,那么简单多数将使未来的多数受制于少数人的统治,这看上去违背了形式正义的原则。他们有什么权利限制未来议会的权力?任何一代都不能剥夺下一代人的自由,难道这不是不证自明的原则吗?然而,有必要重新理解这一主张,因为它在行动上可能自相矛盾。它可以运用于任何一代人,这意味着它否认了不同代际的人的某些权利。当然,这里涉及的是,是否有权限制不同代际的人的权利。但如果有人可以确立这种主张,不是还会有人说,任何个人、群体,甚至后代,都不能侵犯任何个人的基本自由?如果对后代的限制恰恰包含禁止侵犯个人的基本权利,那么就不允许限制后代的权利吗?当然,对此问题的肯定回答预先设定,我们拥有超越历史的真理,它允许我们知道什么是基本权利,否则就不能排除未来有可能承认这种正当性,即简单多数有权以任何方式任其所好地迫害少数。

由此可以得出,存在某些宪法规范,只能通过有资格的多数来变更,甚至根本不能变动,这当然是公正的。然而,根本不能变动的规范只能限制在一般原则上,例如基本权利。根据法律的系统性和教育性,在享有权利的同时,还应当给出相应的义务。例如,财产权应包含社会责任和环境责任,上学、纳税和提供基本帮助(在特定情况下有义务服兵役和为共同体服务)的义务,这些应被看作国家履行职能的条件。宪法政府不能自我毁灭,例如批准给非常权力授权的行动法案。在宪法的层面上,这相当于禁止个人自己卖身为奴。这更容易得到辩护,因为立法者由此不仅剥夺了自己,而且也剥夺了选举他们的人的基本权利。国际法中的一些根本的自然法原则,例如禁止侵略其他国家,应当被认为是不可变动的。有关国家机构的特殊条款,其地位不同于这些基本的自然法原则,因此也不可能根据不可变动的理由而得到保护。宪法的权力十分重要,因此有必要在宪法中确立难以改变的总统任职期限,即使没人反对将其延长或缩短一年。这样做也可以防止,由于通过简单多数选举,总统任期突然延长三倍时间,这在一定情况下为僭政铺平了道路。正如 般法不应频繁变更——这会损害它的权威——一切事务依赖的法更应该享有特殊的稳定性。如果变化的多数不断胡乱修补宪法，那么与宪法相关的爱国主义以及对国家机构具体的相互作用的理解都无法形成。

多数统治原则的辩护者可能会回应，人民中的多数和立法机构中的多数都是合理的。实际上，我们不能排除这种可能性，一个在法律上有无限权力的立法机构能够明智地使用权力，正如英国议会制度所表明的。但问题在于，依靠这种明智，还是依靠预先防范滥用权力的宪法，哪种方式更加合理？显然，第二种选择更加可取，因为盲目的信任不符合宪法的精神。通过独立的宪法法院对立法权力和行政权力进行监督，这是对宪法最好的保护。什么最终为宪法提供正当性，这个问题不能通过公民投票来解决，而只能通过超越实证法的领域，上升到自然法的理想规范来解决，它们不是因为得到承认才有效，而是因为有效才更应当得到承认。对宪法正当性的辩护在于表明宪法中的大部分规范都具有合理性，而这正是哲学需要承担的任务。

(孙磊　译)

形而上学与政治
白彤东教授对第五讲的回应

在演讲稿的开始,赫斯勒教授对法律的不同领域做出了区分。特别的是,他指出我们不应该把国理解成为放大的家,也不应该把家庭置于宪法之下。这两种做法的错误在于没有区分正义的不同领域(spheres)。但是,不同领域之间的界限要有多明晰?如果我们要区分的领域虽然不同一,但是有紧密联系怎么办?赫斯勒教授自己也在后面指出,家庭关系应该是国家事务的一部分,而中国的儒家也强调家事与国事的紧密联系。事实上,现在很少有人认为公私同一,而自由主义的主流是强调公私之间要有明确划分的。在这种背景下批评家国同一的观念,似乎有无的放矢之嫌。对家国或公私对立的怀疑,才应该是有原创性研究关注的重点。

在区分了法律的不同领域之后,赫斯勒教授开始讨论民法中的一些基本概念,法人(person)、财产、契约。他指出,将一个东西占有为财产是可以的,但是不能占有一个人。但是，第一，这种人与物的区别之基础何在？现在很多动物权利的支持者恰恰是在挑战人和动物的明确界限，希望把人权延伸到动物身上。第二，"占有"应该如何理解？美国南方的蓄奴者的一个辩护就是，虽然他们占有他们的奴隶，但是他们的奴隶过的生活一点都不比北方的"自由"的工人差。换句话说，北方工人的不被谁占有的自由是虚幻的：他们被资本主义、被市场占有。赫斯勒教授指出，占有奴隶违背了法律关系的对称性。但是，为什么法律关系要有这种对称性呢？这种对称性是否只是一种对平等的掩盖起来的、形而上学的认定而已？我们甚至可以说，赫斯勒教授讨论的自然法其实都是这样的：用自然之名来表达作者自己的一套形而上学信条。这样的形而上学式的表达，又如何与当代自由社会的多元主义事实相容呢？对最后的挑战，赫斯勒教授的回应是说，他的形而上学是对将规范还原为经验的拒斥。但是，我们还是可以问，他自己的规范如何拥有普遍性？仅仅说这些是"自然的"并不真的可以给这些规范以真正的普适性。

在下面赫斯勒教授对集体所有制的批评中，他指出，划分行动的所属的个体对象，而非将其归于集体，是发展社会责任之可能性的一个必要（但不是充分）条件。这恰恰也是亚里士多德在其《政治学》给出的对某种集体主义的批评。它确实很有说服力，但是它的说服力来自于我们的日常经验，而不是什么高高在上的、系统的形而上学。也许这也给了我们回避无法适应多元性的形而上学指出了一条出路：日常本身的辩证运动。日常的辩证（the dialectic of the ordinary）与罗尔斯给出的绕过形而上学的方法可以是相关的。罗尔斯希望通过将政治的与形而上学的区分开，专注于政治的，而希求政治的为不同的形而上学所认可。这一认可的基础，可能就是日常本身的辩证运动。

赫斯勒教授接下来的讨论涉及的一大主题，是国际正义问题。在对知识产权的讨论中，他指出："如果依据人们只能占有自己制造的东西的财产观念，那么知识产权应该是最容易被赋予基础的。"但是，这样的说法的背后，是对人的个人主义理解。如果我们不采取这种理解，我们也许会看到，个人的发明创造与其社会条件有很紧密的关系。在政治上，对知识产权的保护可能是基于一个不正义的国际秩序，并强化国家间的不平等。如果是这样，也许我们应该对知识产权有所限制。至少，我们无法说知识产权的合法性是自然而然的（虽然比较其他财产权，它可能确实是最易被辩护的）。

其实，赫斯勒教授自己认为，对自然资源的消费应该考虑每个人的利益。这就至少潜在地会威胁国家主权,而预设一个世界政府。但是,有意思的是,赫斯勒教授不但没有沿着批评国家主权的这一看似必要的道路走下去,相反,他指出,禁止国家侵略应该是自然法原则的不可改变的条款。如果这样,这就使得他讲的要从每个人的利益出发考虑自然资源的消费,变成了一句空话。有时候,为了制止一国的胡作非为,人道干预或者所谓"保护之责"(responsibility to protect)似乎是必要的。在他的口头回应中,赫斯勒教授指出,在他的《道德与政治》一书中,他对人道干预是支持的。但是美国"伊战"的失败让他更加审慎。但是,笔者认为,虽然审慎是必要的,但是处理赫斯勒教授关心的上述问题,承认对主权有所限制的"保护之责",包括在极端条件下用武力手段为吊民伐罪而"侵略"他国,是不可避免的。

在内政上,赫斯勒教授指出,贤能—精英标准对良好运行的民主是必要的。实际上,一个良好运行的民主制度必须是贤能制(aristocracy)。笔者把"aristocracy"译成"贤能制"是因为,这里它是在它的原意上被使用的,即由那些有德(arête)的(指最正义并且能够关心公益的)人来统治,而非是我们现在通常理解的"aristocracy"所指的血缘意义上的贵族统治。对此,本人深表赞同。但是,问题是,这样一种理想如何达到?它与我们理解的宪政民主的是否相容?本人近十年来提出和完善的精英与民意的混合政体,恰恰是对这些问题的回答(详见本人相关的中英文著作与文章)。并且,这一混合政体还可以回应赫斯勒教授文章中屡次出现的问题:在民主政治下,如何照顾那些非投票人(过去和未来世代、外国人)的利益。类似的,本人还试图将这种国内政治上的贤能统治扩展到国际领域,即重建一套广义的儒家新天下体系。在这个体系中,那些"华夏"国家(这里理解成达到基本的文明标准的国家),或者晚期罗尔斯在《万民法》里所讲的良序之民(well-ordered peoples)组成自愿的联盟(美国总统小布什所讲的,因此也被污名化的"coalition of the willing"),试图通过本身的道德与政治典范作用、鼓励、制裁,甚至战争手段,来改变那些"蛮夷"国家。在之后的交流中,尤其是阅读了笔者关于国内政治上混合政体的理论分析和制度安排的最新的英文手稿之后,赫斯勒教授表达了对笔者观点的认同,并指出他在其专著《道德与政治》里面对此也有讨论。

对赫斯勒教授文章中的一些具体问题,笔者也有一些疑问。第一,他对死刑的反对,一个理由是死刑使得罪犯失去了重新做人的机会。但是,我们可以说,一个谋杀犯的谋杀行为使他失去了这一权利。他反对的另一个理由是我们会犯错误，判错了人。但是我们因而应该去做的是尽量审慎，改进审判机制，限制死刑适用种类，而不必然是废除死刑。他给出的再一个理由是通过参与死刑执行，其他人会变得心狠。但是，这里的参与指的是什么？并且，对真正的罪大恶极的犯人执行死刑，可以培养人的正义感，并增强对法律的尊重。举一个现实的例子，2011年杀了77个人的挪威布列维克，因为挪威没有死刑，所以不能被处死。本人觉得，一个正义的社会，至少应该可以处死这样的罪犯。另外，所有这些反对死刑的理由，也可以用来反对战争中的杀戮，从而会导致人们采取彻底反战的和平主义观念。当然，也许这一结论对反对死刑的人并不成问题。

第二，赫斯勒教授说，爱的对称与完整（symmetry and totality）使得一夫一妻成为唯一合法的婚姻形式。但是，为什么爱要是婚姻的基础？为什么爱是对称和完整的？在赫斯勒教授的回答中，他提到了完整的婚姻对子女抚养的意义。如果这是我们对婚姻的考虑所在（我想，儒家也会把婚姻的重点放在子女抚养上），那么我们就要看到它并不是以爱为基础的。婚姻的形式就与爱的本质没什么直接关系。如果非一夫一妻的婚姻关系（同性婚姻、一夫多妻、一妻多夫等等）也可以给孩子提供良好的成长环境，那么这些关系也可以被接受。或者，如果这些婚姻形式被认为是不稳定的，恐怕离婚、单亲家庭也会被全面反对，因为我们可以想见的反对其他婚姻形式的理由，很可能也可以被用到离婚和单亲家庭上。并且，笔者怀疑，赫斯勒教授对婚姻形式的说法，是不是更与他的天主教背景相关呢？这就又回到我们前面反驳的一个主题：形而上学、宗教因人而异，虽然形而上学与宗教经常以"自然""先验"一类的名称把自己打扮成是普适的；能让我们产生真正的共鸣和沟通的——比如这里赫斯勒教授谈到的从后代福祉讨论婚姻——是政治的，而不是形而上学的。基于日常经验的、对政治的理性辩证（这个辩证不是在黑格尔的意义上说的，而是柏拉图对话里展现出来的不断反思），可能才是真正的普适基础。

附录　赫斯勒教授访谈

郁喆隽（以下简称"郁"）： 非常感谢您能够抽出时间来接受我的采访。据我所知，这是您第一次来中国。您能否谈一下对上海的初步印象呢？还有这和您之前对中国的想象和理解有什么不同吗？

赫斯勒教授（以下简称"赫"）： 请让我先讲一段个人的故事。我今年五十四岁，虽然是第一次来到中国，不过我的家庭与中国有一些特别的渊源。我的一个姨夫曾经是意大利毛泽东主义政党的主席。[1] 他经常访问中国。当我还是一个孩子的时候，我经常收到他（从中国）寄来的信，上面贴了毛主席的邮票。我也因此开始收集这类邮票。这个姨夫当时是一个活跃的毛主义者，其祖父是意大利的法学教授。这位法学教授在上个世纪 30 年代到过中国，当时是蒋介石的法学顾问。据我所知，墨索里尼政府派遣他

1　赫斯勒教授的母亲是意大利人，他本人也出生于意大利。

来到中国，帮助蒋介石政府起草新宪法。虽然最终没有完成，但他参与了刑法的修改。我的姨夫从其祖父那里继承了不少中国的物品，所以我对中国的最初印象大致是从他家里获得的。

其次，我和东亚有直接的关联。我的夫人是韩国人。我因此去过韩国四次，第一是在大约二十年之前，那是在1995年。我也有不少韩国的学生。这次来访上海，让我想起了1995年初次去韩国的经历。我个人认为，中国目前的经济状况大致与二十年前的韩国相仿。我的第一印象是，上海是个非常现代化的都市，有很多摩天大楼，表面上看上去像纽约。毫无疑问，中国在过去的二十年中，已经一跃成为现代的工业国家。我过去几年也曾经撰写有关中国经济发展的文章，因此来到这里，我丝毫没有感觉到惊讶。对我个人而言，令我感到非常惊讶的是，在复旦大学，教师和学生都能够用流利的英语（等西方语言）来讨论学术问题。可惜我本人不会讲中文。我本来打算将我的讲稿中文版分发给听众，因为我担心学生可能无法完全理解，但我后来发现，学生完全能够理解我的讲座，他们的英语水平着实令我吃惊。

郁：那么您来到上海之后是否经历了一些文化震撼呢？

赫：完全没有，相反我可以说，这里的接待者可能从我身上感受到了某种文化震撼。让我给你讲个故事，两天前我去了南京，在途中我遇到了六位来自重庆的小学老师。他们大多只有二十几岁。在交流中，有一个老师告诉我，她夏天去了尼泊尔，我想恭维她一下，于是说你的肤色有点黑。我本人也去过尼泊尔，并在印度住过一段时间，所以我说她有点像印度人。陪伴我的中国学生后来告诉我，这个可能不是恭维之辞，因为中国的女性都希望自己白一点。我这才意识到自己犯了个大错误，虽然我的本意是要赞赏她的外貌。

郁：我相信这位老师不会因此怪罪您的。这虽然是您第一次来中国，但中国学术界和读者对您并不是一无所知。两年前《东方早报》刊登过一篇您的访谈。您的书《哲学家的咖啡馆》（复旦大学出版社，2001年）也被翻译成中文出版。我们也知道您是一个语言天才，掌握十几门语言。不过至今为止，我们对您的了解可能是片面的，您自己想如何来向中国读者介绍自己？

赫：我本人想从事的哲学，是一种有关综合价值的知识。我认为，在当代的技术哲学与分析哲学中蕴含了一种危险——即它们可能对世界变得无关紧要。在现代形而上学中有不少有意思的辩论,但它们与这个世界缺少关联。我本人成长于德国的哲学传统中。从19世纪以降的哲学家们都要解释历史进程,尤其是要建立一套有关现代化的理论。从黑格尔到马克斯·韦伯,这已经成为德国思想的重要部分。我自己不是一个社会学家,我试图从规范层面来理解现实,而不是单纯地描述人们拥有的价值。我相信,道德是十分重要的。我不同于不少分析哲学家的是,我认为必须要理解根植于文化之中的价值,否则人们将无法理解自身。这可能是我特殊的视角。我的特点在于,我了解了不少社会科学,例如经济学、法学、史学等,同时我还对美学非常感兴趣——我不仅认为美学是哲学的一个领域,而且觉得哲学必须使用文学的方式来表达自身的内容。在此意义上,我虽然不懂中文,不过很认同不少中国哲学家的做法。例如当我阅读《庄子》时,我不仅被其思想所折服,而且被他表达的方式打动。

你谈到了《哲学家的咖啡馆》。其实我仅仅写了该书的一部分,另一些是由诺拉写的。[1]在我和诺拉的交流中,我想让过去的哲学家来回答今天的问题。我前几天在读鲁迅,他试图让庄子来回答其时代的问题。在此意义上,我

---

1 诺拉是《哲学家的咖啡馆》中的主人公之一,一个女学生。

们的思路是相似的——也就是将传统文化放入当代问题之中。我也因此感到，我做哲学的方式与中国读者有着某种特殊关联。

郁：这次您是由复旦大学哲学学院邀请，来上海作题为"道德与政治"的系列演讲。据我了解，这一主题是基于您的一千二百页的巨著《道德与政治》(*Moral und Politik*, C. H. Beck, 1997)。我知道，您是一位黑格尔研究专家。如果我理解正确的话，您试图在该书中来为国家理论奠定道德的基础。那么，是什么让您从黑格尔哲学转向政治哲学领域的呢？或者说，您认为黑格尔哲学在什么意义上依然对我们当代人具有价值？

赫：我可以谈谈这本书的背景。我这次来中国，不仅让我想起了1995年在韩国的经历，而且让我回忆起了1990年在莫斯科的经历。当时我受邀去莫斯科发表关于环境问题的演讲。当时的俄罗斯思想界意识到，环境问题已经非常严峻，所以俄罗斯社会科学院邀请我去讲环境理论的问题。我觉得，我们这个世纪最大的难题可能在于，如何来建立一个道德的框架，以防止现代性将人类带入一个万劫不复的灾难。当然这次我的演讲是非常精要的，不能展开全部的论证以及全面阐发复杂的社会科学、政治和生态问题。在很大程度上,《道德与政治》一书是基于这样一个信念,即21世纪初的政治规范已经发生变化。其中一个重要的变化是所有的文化均在适应现代化的进程。当然并非所有文化都做得很好,东亚在这方面极为成功,而非洲和俄罗斯就没有很好地回应现代化的挑战。我们进入了一个新纪元,因为根本上,现代性的规划被认为是所有国家都可以同等采用的。但是,另一方面我们也认识到,如果每个人都像美国人那样生活的话,全球环境将崩溃。因此,如何找到一种可以普遍化的生活方式——它要被所有人接受和施行——对我而言是21世纪人类面对的最大挑战。这也是这本书背后的基本想法。

郁:在您的演讲中,您花了大量的时间来解释自然法的观念。您也曾说到,自然法其实并非"自然"的。一套自然法如果是行之有效的,那么人们必须就一些事务达成基本共识。您认为,在一个多元的时代,一个国家或者民族如何来取得这种共识呢?

赫:我想先引用一下《论语》。我来到上海之后,每天都要读一个小时的 *China Daily*,以了解中国人理解世界的方式。我读到一则新闻,在孔子的诞生地曲阜,如果你能背三句《论语》中的句子,就可以免费进入孔庙参观。虽然这次我没有时间去曲阜,但我还是决定要背几句《论语》。《论语》中我最喜欢段落是《颜渊》篇中"子贡问政"（12.7）。[1] 它和我书中第五章的内容非常契合。我认为存在三种形式的权力：首先是负面裁可（negative sanction），它来源于武器的威胁，让人民感到害怕；其次是正面裁可（positive sanction），即给人民一些好处，满足他们的需求；最后是道德信念（moral conviction），即什么是正义的。我认为，在一种文化中极为重要的是，要有对道德信念的共识。我的担心是，在过去几十年中，中国的经济极为成功，但是和19世纪的欧洲一样，它导致了经济的自我中心论（economic egoism）。对于经济增长而言，经济的自我中心论是必要的。但是从根本上讲，它不能支撑起一种文化。为什么呢？如果每个人都是被其私利驱动——当然他没有必要为国家或者民族考虑——腐败就自然产生了。我认为，为了保持可持续的增长，反腐是极为关键的。反腐当然要建立在约束的基础之上，但只有当反腐者自身不是腐败的，这才可能。也就是说，民众必须要有一种信任，信任反腐者不是为了私利而反腐。从根本上讲，只有当对一些道德

---

[1] 子贡问政。子曰："足食，足兵，民信之矣。"子贡曰："必不得已而去，于斯三者何先？"曰："去兵。"子贡曰："必不得已而去，于斯二者何先？"曰："去食。自古皆有死，民无信不立。"

准则存在基本一致时，这才会奏效。因此，我认为在经济增长的同时，建立起共同的道德价值是极为重要的。中国的传统道德价值是非常令人印象深刻的。我来中国之后，一直在阅读中国的经典作品。我读了《论语》和《易经》，还读了《孟子》。孟子是个非常有意思的思想家。一方面，他是一个非常乐观的儒家，他反对伦理的悲观论，例如荀子。他认为人性本善，其自然观也与众不同。而且他反对将政治还原为国家的强力，他因此也反对法家的看法。我认为，今天我们处在一个相似的处境中：我们要限制资本主义逻辑和国家的权力欲，引入基本的道德原则。我的基本观念是，在很多方面，人类文化在基本道德原则上是非常一致的。当我读《孟子》时，情不自禁地想到了康德。两者之间存在惊人的相似。康德就认为人有欲望，而人心要控制欲望。我相信，要建立一套人类共同的道德框架，来整合各人类文化的基本道德洞见。这对21世纪的全球化世界秩序是至关重要的。

郁：您在演讲中引用了詹姆斯·麦迪逊的话，如果人是天使，就不需要政府。如果我尝试从儒家的立场来做出回应的话，就会认为儒家的理想是修身和成圣。不过也有人反思认为，因为儒家提出了极高的，几乎是无法实现的道德目标,才会导致犬儒和腐败。您是如何来看这个问题的?您是否认为在基本理想上,中西方存在根本的不同呢?

赫:我认为,将政治道德化会有两种危险。其一是接受全部的实然,而不用道德原则来约束贪婪、欲望和权力。这是不好的,政治就沦为权术。其二,我称之为抽象的规范主义(abstract normativism),即将一些高尚理想建立在缺乏人性的基础之上。这也可能演变为灾难。罗伯斯比尔就是这样一个例子。20世纪的现代极权主义也是部分建立在这种没有人性基础的理念之上的,从而导致了崇高理想名义下的虚伪和滥权。19世纪西班牙的保守主义者考特斯(Juan Donoso Cortés)曾说,我害怕将欧洲变成天堂,因为这将会把地变成地狱。20世纪历史已经给了我们这方面的教训。因此我个人认为,好的道德理论不需要高尚理想,而需要现实的人类学。这也是我的书的主题。

郁:如果我没有记错的话,您在讲演中多次提到了一个概念"代际正义"(inter-generation justice)。您为何如此重视这个概念?这个概念的背景是什么?

赫:我认为,19世纪有一个大问题,即当现代化开始时,很多人从中获利巨大,而另一些则被剥夺了生存的基础。在19世纪,全球的不平等扩大。现代化的一个有趣结果是，全球基尼系数的增长。从19世纪20年代开始，全球基尼系数出现了可观的增长，在19世纪80—90年代出现了飙升。而在过去二十年中，这一指数似乎回落了。这要归功于中国、印度等国的经济成就。我不清楚，这一全球基尼系数的回落是否可以保持下去。生态问题可能使它再次上升。我想表达的是，在现代化早期，全球不平等加剧。然而在单个国家内，从19世纪到20世纪，首先是马克思主义，随后是社会民主主义都致力于减少这种不平等。我们可以说，大部分西欧国家在这方面都比较成功。为什么？这不仅是因为人们受到道德理念的推动，而且人们意识到，可以将社会发展转化为政治成功，因为人民投票选举。因此，存在这样一种内在的动力来改善社会公正的问题。然而，国际正义就很难实现。我希望，中国和印度的成功能够减少全球的不平等。但是最大的问题还是不同代际的正义问题。我们正在越来越多地污染地球，我们将给我们的子孙留下一个更糟糕的地球。我们攫取了所有不可再生的资源，例如化石燃料，我们的子孙将一无所有。在此，通过诉诸政府的理性本质，是无法解决这一问题的。因为，未来的世代无法（在现在）投票。如果你剥夺了未来世代的权利，你并不会在本次选举中受到惩罚。市场也不会为未来的时代考虑。因为市场建立在供给与需求平衡的基础之上。只有当有需求方拥有购买力时,这才会实现,而未来的世代(在当下)不具有购买力。他们既没有选票,又没有购买力,因此没有机制(民主或市场)可以保障未来时代的权益。因此,我相信只有诉诸较强的道德理念,并超越自私自利的本性,才能实现代际正义。这也是21世纪的重大挑战之一。所以,我在书中将代际正义理论也作为自然法的基础之一。

郁:上述的几个问题都是关于您的讲演的。接下去让我们来谈谈您在学院之外的生活。我们知道,您在2013年8月6日被任命为教皇社会科学院(Pontifical Academy of Social Science)的成员。您能否谈谈在这个科学院中的职责?您提出了那些建议呢?

赫:这个科学院是对教皇第一个科学院的补充。1939年,教皇庇护十一世建立了自然科学院(Pontifical Academy of Sciences)。到了20世纪80年代,教皇约翰·保罗二世觉得在现代世界中,需要社会科学来帮助天主教会建立其社会公正的教义。天主教比较有特色的一个想法是,世界上所有的宗教都应阐述社会公正的问题。由于天主教会拥有很长的历史,一直在思考自然法的问题,所以强调经济行为应当受到道德原则的辖制。教会认为,如果将其知识建立在传统学术之上，例如托马斯·阿奎那，是不够的，还需要吸取现代社会科学和哲学的成果。这其实和中国社会科学院的功能十分相似，即要给政府出谋划策。我希望，中国能够认识到，思考（政治与经济中的）道德问题并不会对稳定构成威胁，而会极大地丰富稳定的资源。如果人民不仅在考虑消费的问题，政府应当为此感到高兴。我也相信，宗教文化会在很大程度上有利于一个国家的道德发展。

郁：您对欧洲和美国公众而言，都是知名的公共知识分子。请问您为何在象牙塔之外，参与了大量的公共讨论，甚至还参与了一些电视节目和纪录片的制作？

赫：这可能与中国的传统十分接近。有人说，中国和西方伦理与政治哲学的差异在于，在欧洲很早就出现了一种分野：一方面是只关心基础问题的哲学家，另一方面是致力于影响公众道德的知识人，例如神学家和教士。而在中国，宗教建立在萨满教的基础之上，本质上是非道德的。而教化民众的职责因此落到了哲学家身上。孔子、孟子、老子等不仅仅发展出了一套道德理论，而且还试图影响民众。他们不仅是哲学家，而且还是圣人。我喜欢这种传统。我觉得，如果哲学仅存于象牙塔之中，只关注建构抽象理论，而不关心现实世界,哲学就缺失了什么。当然如果你想影响大众,就必须要妥协。因此要在公共知识分子和公共小丑之间划界。如果我能随时从政治讨论中抽身而出,我就能负责任地言说。在这次中国之行后,我要回到慕尼黑参加德国基督教民主联盟党(CSU)的年度会议。我受邀去讨论道德与政治的关系。我认为,作为一个知识分子,当有机会影响有利于民族的政治事务时,你是不能说不的。我想说,做公共知识分子并不是一件容易的事情,但是我不想成为一个只为哲学家写作的哲学家。我相信,只为哲学而哲学,就不再是真正的哲学了。(笑)

郁:您刚才提到了《哲学家的咖啡馆》一书。这本书被翻译成十四种语言,其中七种是亚洲语言,包括中文。请问是什么动机促使您写作这样一本对话体的通俗哲学读物呢?在这本书背后又有哪些故事?

赫:这本书的产生十分简单。我有一次受邀去一个朋友家里做客。她是一名德国法官,我们是在一次关于汉斯·约纳斯(Hans Jonas)的会议上结识的。她就是书中主人公诺拉的母亲。我去做客的时候,她的大女儿正好十一岁,在读《苏菲的世界》,所以她就问了我一些哲学问题。此后,她时常写信给我。我对她的好奇和智慧感到惊讶。所以我就设计了一个以往哲学家的咖啡馆,来讨论哲学问题。我们的通信持续了大约两年。有人建议我们出版这本书,让年轻人来思考这些问题。我也没有想到,这本书会取得这样巨大的成功。我想,这本书对亚洲读者的意义可能是这样的。因为在亚洲对创造力的重视是不够的。我不是很了解中国,但我可以说说韩国。韩国的中小学(和日本、中国一样)极为成功,例如在比萨测试(PISA test)的数学和科学科目中。但是,韩国至今为止还没有获得科学领域的诺贝尔奖。为什么会这样呢?答案很简单,因为韩国很会学习知识,但是在其文化中,挑战大师是一种禁忌。在此意义上,中国非常相似。如果你想适应现代化,你不用挑战权威,但是如果你想要再向前走一步,就需要一些具有创造力的头脑。这本书鼓励孩子自己进行思考,而不是仅仅重复成年人所说的。有意思的是,很多读过这本书的人认为,诺拉是我虚构的人物。因为他们觉得一个孩子不可能提出这样的问题。这也表明,我们没有给我们的孩子足够的重视。如果我们给孩子适当的引导,他们是可以写出这样的信的。所以我们教育的重要职责在于发展孩子的智力潜能。

郁:您在回答上面问题的时候,提到了人类在 21 世纪面临的最大挑战和问题。那么您认为，对中国而言最大的问题和挑战又是什么呢？

赫：最大的挑战是环境问题。当然我对中国做出的努力非常钦佩。我知道，20世纪中国的人均寿命差不多实现翻番，达到了七十二三岁，不过其实还能更高。我认为主要的问题是环境压力。我读到，中国大城市里的知识分子平均寿命低于农民。我认为有两个主要原因，一个是压力，另一个是环境。环境污染是癌症的主要原因。所以，我认为公共医疗政策必须面对环境问题。今天我还很欣喜地读到，中国政府开始致力于禁烟。在欧洲和美国都已经禁止在公共场合吸烟。吸烟不仅伤害自己，而且还伤害不吸烟的人。因此，我认为有必要禁止烟草广告等等。

另一个重要问题是政府责任。我知道这是一个复杂的问题，在欧洲现代政府的转型持续了很长的时间。这也需要一个受过良好教育的中产阶级。我个人认为，需要建立宪法门槛（constitutional barriers），防止民主演变为多数人的暴政。也要确保政治领导具有某种知识和道德水准。我本人赞成要对政客和公务员进行考核。我也非常赞成要有独立的法庭来制衡政府和立法者。我相信中国人民会有自己的道路。我个人的意见是，韩国是一个较好的例子。韩国在上个世纪60年代被世界银行排在菲律宾之后，人们对她不抱希望。但在80年代，在短短十年中，韩国转变为一个稳定的民主国家。我在圣母大学的最为景仰的同事之一吉列尔莫·奥唐奈（Guillermo O'Donnell），政治学教授，几年前刚刚过世。他是阿根廷人，他告诉我，他在70年代离开阿根廷到了巴西。有一天有一个人来找他，和他谈了好几个小时，这个人就是金大中。金大中当选总统后邀请奥唐奈去参加他的就职典礼，表示感谢。

郁：我感觉您比较侧重德国理念论传统。您能否谈一下对一些当代思想家的看法，例如海德格尔、阿伦特等？

赫：我最近写了一本德国哲学史的书，去年已经出版。在这本书里涉及从中世纪到20世纪末的一些德国哲学家。其中有一章是关于海德格尔的。但是我没有将阿伦特包含入内。因为我对"德国哲学"的定义是用德语写作的哲学。阿伦特移民美国之后，主要用英语写作，所以不在其中。汉斯·约纳斯死时是美国公民，但是他最重要的著作《责任原则》（*Das Prinzip Verantwortung*, 1979；英译为 *The Imperative of Responsibility*）是用德语写作的，所以他符合我对德国哲学的定义。

如果直接回答你的问题，我不喜欢海德格尔。我认为，海德格尔哲学本质上是非道德的。我不能原谅的是，他悄悄地改变了道德概念的意义。例如在《存在与时间》中有两个概念，本来是有道德含义的：罪责（schuld/guilt）和良心（gewissen/conscience）。他是如何来解释这两个词的呢？他认为罪责在于人无法认识到所有的可能性，这是一个本体论概念。这是对的，你不可能同时既是希特勒又是特蕾莎修女。但是可怕的是，在海德格尔那里，两者是同样有罪的。因为两个人都选择了一种可能性，而排除了其他。这种对罪责的理解是非常可怕的。所以，我认为海德格尔从根本上使得所有道德哲学都成为不可能了。此外，我认为在《存在与时间》中没有任何东西可以防止海德格尔成为纳粹。我并不是说《存在与时间》必须要防止他成为纳粹，但是该书中没有资源来阻止他成为纳粹。

在他的学生中，我本人倾向汉斯·约纳斯，而不是阿伦特。约纳斯和阿伦特是十分亲密的朋友，在我看来都是杰出的哲学家，但两人采取了不同的路径：约纳斯试图在《存在与时间》的启发基础上来建立道德原则；阿伦特的政治哲学在我看来过于形式化了。她是非常智慧的女性，但缺少严格的原则。她是一个直觉型的思想家，对现象有所洞察，并为政治选择给出了某种合法性。我本人更接近汉斯·约纳斯。我非常了解他，尊重他。我对电影《汉娜·阿伦特》（2012）感到不解。在这部电影中，约纳斯被描绘为一个心胸狭窄的道德主义者,阿伦特则显得更为高尚。影片的结局与实际也不符。因为约纳斯最终与阿伦特和解了,虽然在好几年时间里他们没有相互说话。约纳斯不能原谅阿伦特的,并不是她在《艾希曼在耶路撒冷》(*Eichmann in Jerusalem*)中说了什么,而是她怎么说的,也就是她的笔调。约纳斯的母亲死于奥斯维辛集中营。阿伦特描写大屠杀的笔调让约纳斯无法接受。我昨天在南京,去参观了南京大屠杀纪念馆。我必须说,阿伦特的书说明了"恶之平庸",也即很多恶行并不是十恶不赦的人犯下的,而是那些单纯服从命令的人犯下的。阿伦特的书是一本很好的书,但在触及这样的问题时,采取了不恰当的笔调。因此我很能理解约纳斯。我是约纳斯的朋友。在他的自传中有一个故事特别触动我。1933年约纳斯决定离开德国,并说他下次回到德国时,一定是以士兵的身份来打击纳粹。他后来也的确这样做了,他加入了英国的犹太人旅。在1933年夏天,他和女友在一家餐馆用餐。邻桌的一些纳粹党人正在唱歌,"如果犹太人的血从我们的刀上淌下,我们会感觉更好"。在此情景下,约纳斯缓缓站起身来,对他们说:先生们,我就是犹太人。请你们自便吧!(Bitte bedienen Sie sich!)整个餐馆顿时彻底安静下来了。纳粹党徒站起来对约纳斯说,你在我的保护下可以安然无事。

多年之后,约纳斯在自传中写道,他为此感到耻辱,这并不是因为他在当时说了那些话,而是因为他将女友置于危险之中。如果她是金发的,他俩可能当场就被杀了——因为当时禁止犹太人和雅利安人之间有任何关系。这也表明了约纳斯的人格。

我本人对后现代主义不感兴趣,因为其中蕴含了巨大的道德危险。在我们的生活中最重要的事情是分别对错。有时候很难找到一条确切的界线,但是我们至少要相信,通过伦理学我们能够找到这条界线。后现代主义打破了我们的信念,不承认有这样一条界线,也不认为我们可以理解它。我个人几乎是后现代主义的对立面。我要说,虽然后现代主义是当代西方哲学的主流,但我不想成为主流,而宁愿逆流而上,寻根溯源。

出版后记

为弘扬和传承中国传统文化，提升中国文化在世界的影响力，促进复旦大学人文学科的发展，支持复旦大学创建世界一流大学的事业，复旦大学和光华教育基金会共同出资设立"复旦大学人文基金"，支持人文学科师资队伍建设和国际交流。

在人文基金的资助和支持下，从2011年开始，复旦大学推出了"光华人文杰出学者讲座"项目，讲座嘉宾经专家委员会讨论确定，由复旦大学校长亲自发函邀请，为复旦大学师生进行系列讲座，以人文知识滋养复旦学子，提升复旦人文学科的研究水平。

"复旦大学光华人文杰出学者讲座丛书"作为讲座的一种成果呈现，是在各位嘉宾在复旦所作学术报告基础上，经后期精心整理创作而成。我们想通过这样一种形式，记录下这些杰出人文学者在复旦校园所做的学术思考，同时也让更多的学人能分享这一学术成果，我们期待今后还会有更多这样的成果奉献给大家,以此为中国人文社会科学的繁荣发展做出一份努力。

这里特别要感谢复旦大学人文基金为举办光华人文杰出学者讲座所提供的资助,感谢人文学科联席会议成员与国际及海峡两岸交流学术委员会专家们为讲座所付出的辛勤工作,讲座的成功举办也得益于复旦大学人文学科各院系师生的大力支持和辛勤付出,在此一并感谢。

复旦大学文科科研处
2013 年 3 月